Inhalt

Sabine Bredemeyer | Bettina Schöbitz

163 ½ Impulse
für wirkungsvolle, lebendige
Online-Meetings

Wie du dich und deine Themen

in Videokonferenzen

überzeugend rüberbringst

BusinessVillage

Impressum

Sabine Bredemeyer, Bettina Schöbitz
163 ½ Impulse für wirkungsvolle, lebendige Online-Meetings
Wie du dich und deine Themen in Videokonferenzen überzeugend rüberbringst
1. Auflage 2021
© BusinessVillage GmbH, Göttingen

Bestellnummern
ISBN 978-3-86980-605-1 (Druckausgabe)
ISBN 978-3-86980-606-8 (E-Book, PDF)
ISBN 978-3-86980-607-5 (E-Book, EPUB)

Direktbezug unter www.businessvillage.de/bl/1122

Bezugs- und Verlagsanschrift
BusinessVillage GmbH
Reinhäuser Landstraße 22
37083 Göttingen
Telefon: +49 (0)5 51 20 99–1 00
E-Mail: info@businessvillage.de
Web: www.businessvillage.de

Layout und Satz
Sabine Kempke

Illustrationen Umschlag/Buchblock
Bettina Schöbitz, https://bettinaschoebitz.de

Autorenfoto
Sabine Bredemeyer: Jennifer Braun, Köln
Bettina Schöbitz: Ursula Kittner, Düsseldorf

Druck und Bindung
www.booksfactory.de

Über die Autorinnen

Sabine Bredemeyer ist Unternehmerin, Beraterin, Mentorin, Autorin und Lehrbeauftragte an der Hochschule Osnabrück. Seit mehr als fünfundzwanzig Jahren begleitet sie ihre Kunden – Führungskräfte mittelständischer und großer Organisationen – und deren Mitarbeiter durch komplexe persönliche und unternehmensweite Veränderungsprozesse. Sie gilt als erfahrene Mentorin für Führungskräfte und als Expertin in der Arbeit mit Großgruppen-Interventionen. Mit ihren Vorträgen, Mentoring-Programmen, Workshops und Konferenzen hat sie bereits Tausende von Teilnehmenden begeistert. Mit großer Freude gibt sie ihre Erfahrungen auch in Train-the-Trainer-Ausbildungen weiter.

Als Boardmember in verschiedenen internationalen Organisationen arbeitet sie seit mehr als zehn Jahren im virtuellen Raum. Insbesondere in ihrer Rolle als Co-Owner der internationalen Genuine Contact™ Organisation hat sie die Moderation von Meetings, Workshops und Konferenzen im virtuellen Raum zusammen mit ihren internationalen Kollegen perfektioniert. Seit Anfang 2020 bildet sie in Online-Seminaren Führungskräfte, Lehrbeauftragte, Trainer und Berater darin aus, ihre Führungsrolle auch online souverän und wirkungsvoll auszufüllen.

Kontakt
Web: https://bredemeyerandfriends.de
E-Mail: info@bredemeyerandfriends.de

Bettina Schöbitz ist Autorin (»Visualisieren am Flipchart – für Dummies«) und begeistert Menschen als humorvolle Rednerin online und offline. Sie unterstützt ihre Kunden als Mentorin mit Mikro, Marker und Webcam.

Ihre Mission:
#IMPERFEKTIONrockt.

Ziel ihrer Arbeit ist, Menschen bei analogen oder digitalen Auftritten vor Publikum Hemmungen zu nehmen. Sie ermutigt diese, mit ihren Themen und ihrer Persönlichkeit maximale Wirkung zu erzielen. Für sie geht es darum, dass Menschen wertschätzend mit der Lebenszeit anderer umgehen und sich nahbar präsentieren.

Ihre Kunden ermuntert sie zu einem indivisuellen (kein Druckfehler!) Stil und lässt Persönlichkeit auf Bühnen sichtbar werden. Sie hat immer ihren Marker dabei – und scheut sich nicht, ihn zu benutzen.

Kontakt
Web: https://bettinaschoebitz.de
E-Mail: mail@bettinaschoebitz.de

Vorwort

Danke, dass du dieses Buch neugierig in Händen hältst. Das meinen wir keinesfalls aus der Sicht der Autorinnen oder des Verlegers, sondern einfach als Menschen, die seit Beginn der weltumspannenden Turbodigitalisierung im April 2020 jede Menge Unfassbares erlebt haben.

Es gab 2020 so viele gruselige Erlebnisse, dass wir – die beiden Autorinnen – uns auf den Weg gemacht haben, dafür zu sorgen, dass Online-Veranstaltungen weniger anstrengend, ermüdend und frustrierend ablaufen. Keine Frage, dass digitale Begegnungen inzwischen bereits etwas professioneller umgesetzt werden. Doch es braucht mehr: uns ist es eine Herzensangelegenheit, dass Online-Veranstaltungen emotionaler, interaktiver und menschlich verbindender werden.

Denn eines ist sicher: Dieses Online-Dings ist gekommen, um zu bleiben ...

Daher ist für fast jeden in der modernen Arbeitswelt tätigen Menschen wichtig, die eigenen Online-Veranstaltungen nach und nach zu optimieren. Mit dem Ziel, diese sinnvoll mit den bisher gewohnten Präsenzmeetings zu kombinieren: zu einer neuen Qualität der Kommunikation über räumliche Entfernungen hinweg. In diese Richtung wollen wir dich stupsen, und zwar mit 163 ½ Impulsen und kleinen, leichten Micro-Habits (= Mini-Gewohnheiten). Wir werden dir auf keinen Fall ganz viele komplizierte Dinge vorstellen, die du dann nur mit unserer Hilfe bewältigen kannst – sondern dir möglichst leicht und schnell umsetzbare Impulse liefern.

Wir liefern dir satte 163½ Impulse und Micro-Habits, um ganz unkompliziert zum Online-Bessermacher zu werden. Diese Impulse und Micro-Habits haben wir für dich ganz übersichtlich in acht wirkstarke Themenbereiche gegliedert. Zum Schluss haben wir sie sauber durchnummeriert. So kannst du

1. deine Themen schneller finden, bekommst
2. den Nachweis, dass wir dir auch alle Tipps geliefert haben, und kannst dich
3. leicht innerhalb des Buches orientieren, bis wohin du bereits gelesen hast.

Unser Weg zum Ziel ist ein leichter Weg. Wir bieten dir 163½ Impulse und wirkungsvolle Micro-Habits an – du entscheidest, welche dir schmecken. Es sind kleine Bausteine, mit denen du deine Themen und dich selbst besser zur Geltung bringst. Kleine, überschaubare Dinge oder Gewohnheiten, die du leicht ändern kannst.

Wenn wir in diesem Buch von Online-Veranstaltungen sprechen, dann meinen wir damit übrigens alle Formen des Zusammentreffens von Menschen im digitalen Raum. Ob Webinar oder Workshop, Meeting oder Mitarbeitergespräch, ob Strategie- oder Budgetverhandlungen, ob Seminar, Training, Schulung oder vieles mehr. Wir haben uns bemüht, unsere Impulse so hilfreich wie möglich für alle diese Formate zu beschreiben.

Dürfen wir dich jetzt an die Hand und auf die schönen Seiten mitnehmen, die deiner Neugierde Nahrung liefern?

Ein paar Informationen vorweg, die dir dieses »online« leichter machen:

⮑ Es gibt keineswegs nur einen Weg, wie das alles richtig geht. Es gibt kein »richtig« oder »falsch«. Doch es gibt Dinge, die sich unserer Erfahrung nach bisher bewährt haben. Deswegen möchten wir diese Praxis-Erfahrungen in Form dieses Buches mit dir teilen. Wir möchten dir unsere Pannen und Patzer ersparen.

⮑ Starte mit kleinen Schritten. Lerne beständig dazu. Erweitere deine technische und emotionale Intelligenz mit jedem Schritt, den du gehst. Dein für dich stimmiger Weg zeigt sich, während du ihn gehst.

⮑ Deine Vorgehensweise ist abhängig von deinen Teilnehmenden, dem Thema und dem Zeitpunkt. Der Mensch ist in jedem Moment wichtiger als die Zielerreichung. Sei empathisch und achte die individuellen menschlichen Bedürfnisse.

⮑ Schaue auf das, was dir selbst in den Online-Meetings anderer Moderatoren gefällt und guttut. Schaue auf das, was du in deinen eigenen Meetings künftig lieber vermeiden möchtest. So lernst du bei jedem Meeting neue Facetten kennen, die du in dein Repertoire aufnehmen kannst.

⮑ Sei authentisch und gehe deinen eigenen Weg. Wir bieten dir mit diesem Buch eine flexible Navigation – doch du sitzt am Steuer und entscheidest eigenständig. Werde kreativ und entwickele Neues.

⮑ Vermutlich der wichtigste aller Punkte: Habe Spaß an dem, was du tust! Entdecke die Dinge, die bei diesem Online-Dings echt gut sind, und mach einfach mehr davon!

Dieses »online« ist eine neue technische Verbindung zwischen Menschen. So wie es das Smartphone vor Jahren war. Inzwischen ist der digitale Austausch kaum mehr wegzudenken, oder? Kaum eine Firma oder Organisation, die nicht wenigstens einen Teil ihrer Arbeit in den digitalen Raum mit Homeoffice, Zoomcalls, Microsoft-Teams-Besprechungen oder Webinaren der verschiedensten Art verlegt hat. Durch mutige Anwendung und eine mehr oder minder steile Lernkurve ist das Arbeiten im digitalen Raum für uns längst fester Bestandteil unserer Alltagsroutine. Wir haben online und vernetzt zu arbeiten zu schätzen (und ja, manchmal auch hassen ...) gelernt.

Was wir in der Schulung vieler Menschen erlebt haben, ist: Wir Menschen brauchen Zeit, bis wir unseren Umgang mit Neuem in unseren Alltag integriert haben. So ist es auch mit der Online-Zusammenarbeit. Wir sind mit diesem Buch an deiner Seite, wenn es für dich darum geht, deinen souveränen Umgang mit der Online-Welt zu finden.

Was wir uns von dir wünschen, ist die Bereitschaft, mutig Neues auszuprobieren. Die Offenheit für unsere gemeinsame Entdeckungsreise. Denn ehrlich: Wir Autorinnen sind dir vielleicht gerade mal ein paar Schritte voraus, wenn wir auf das gucken, was uns alle da künftig noch erwartet. Wir jedenfalls freuen uns darauf. Mit der Übung kommt die Routine. Dann wächst der eigene Mut und die Lernzone entwickelt sich. Da Mut unseren Horizont erweitert, sind danach echte Erfolge die logische Konsequenz.

Geh jetzt mit uns deine ersten Schritte zum Online-Bessermacher – und erobere dir deine Online-Welt mit (d)einem Lächeln!

ONLINE-MEETING

in der Grundschule

an der Universität

Du ärgerst dich über ausgeschaltete Kameras?
Motiviere die Menschen, aktiv dabei zu sein, indem du
sie immer wieder zum Mitmachen aufforderst (siehe
Kapitel 7 – Aktivierungen) und klare Regeln aufstellst
(siehe Kapitel 6 – Richtige Rahmenbedingungen).

Wir arbeiten – unter anderem – in der beruflichen Weiterbildung. Ab April 2020 haben unsere Kunden und wir im Eiltempo alles digitalisiert, was nicht bei drei auf den Bäumen war. So bekamen viele Mitarbeitende und Unternehmer schnellstmöglich eine neue technische Ausstattung. Ein Laptop oder MacBook galt als das neue Arbeitsmittel der Stunde. Aufgrund riesiger Nachfrage wurde leergekauft, was auf dem Markt noch zu bezahlbaren Preisen zu kriegen war – statt gezielt und sinnvoll entscheiden zu können. Es spielte keine Rolle, wie gut die eingebaute Webcam oder das integrierte Mikrofon war – Hauptsache, der Mensch kann damit online arbeiten. Irgendwie muss das Geschäft ja weitergehen …

Das Ergebnis waren in der Folge jede Menge – oft äußerst ermüdende – Online-Veranstaltungen mit grottigem Ton und miserabler Kamera. Viele Menschen verspüren eine ausgeprägte Online-Müdigkeit. Die Zeitschrift »managerseminare« berichtete in Heft 276, März 2021, Seiten 4 bis 10, von einer regelrechten Zoom-Fatigue. Sie geht einher mit hohem Frustpotenzial und dem fiesen Gefühl, dass wirkliche menschliche Begegnungen seitdem kaum mehr stattfinden.

Wir als Autorinnen dieses Buches wissen, dass es auch anders geht. Weil wir genau das seit Monaten unseren Kunden vermitteln – in zahlreichen Webinaren, Workshops, Mentorings und Beratungen. In Online-Kursen und Einzeltrainings. Wir wissen, wie es auch online richtig gut menscheln kann. Wir kennen aus der täglichen Anwendung viele Wege, soziales Miteinander auch digital zum echten Erlebnis werden zu lassen.

Unsere Botschaft ist, dass der digitale Raum ein Raum ist, der für Gruppenarbeit erkundet sein will. Geht eine Gruppe, ein Team, eine Organisation diesen Schritt, dann entsteht ein produktives und offenes Arbeitsklima. Wie sollte es auch anders sein: schließlich gibt es auch Unternehmen, die schon seit Jahren weltweit sehr erfolgreich im Remotemodus arbeiten. Es ist also vielmehr eine Frage des passenden Wie als eine Frage, ob es sich im virtuellen Raum ebenso wie im Präsenzmodus arbeiten lässt.

Das klappt nämlich genau dann, wenn alle Beteiligten – Moderatoren und Teilnehmende – sich einbringen und zulassen, dass wir alle zusammen eine neue Welt entdecken und erobern dürfen. Wenn wir diese Welt gemeinsam gestalten und an unseren Bedürfnissen ausrichten.

Klasse, dass du dich mit unserem Buch auf den Weg machst ...

Wie nutzt du dieses Buch am besten für dich?

Du kannst es von vorne bis hinten durchlesen. Du kannst dir jeden Tag einen Impuls aus dem Buch vornehmen. Du kannst dir die Perlen rauspicken, die dir sofort ins Auge springen. Du kannst an jeder Stelle beginnen oder enden – und zu einem anderen Zeitpunkt an anderer Stelle erneut auf Entdeckungsreise gehen.

Kurzum: Du bestimmst, wie, wann und wie viel du aus diesem Buch für dich umsetzen möchtest.

Habe es einfach griffbereit in deiner Nähe (vielleicht sogar auf dem stillen Örtchen?). Wir haben die einzelnen Themen bewusst so geschrieben, dass du in kurzen Zeitfenstern im Buch stöbern kannst. Kurze Sätze, kurze Absätze, kurze Kapitel. Quasi ein genussvolles Buch zum wegsnacken. Und jetzt ... geht es auch schon los!

1.

Die Technik
Die bekommst du auch hin, wetten?

Du hältst dich für einen Technik-Legastheniker und bewunderst alle, die eine kaputte Lampe selber reparieren? Sei beruhigt, du befindest dich in bester Gesellschaft. Doch an dieser Stelle können wir mit einer sehr guten Nachricht starten: Wenn du einen USB-Stecker in deinen Rechner einstecken kannst (okay, ein Durchschnittsbürger wie wir braucht dafür erstaunlicherweise drei Versuche ...), dann kriegst du das hier auch hin. Es ist keinesfalls Hexenwerk, sondern schlicht Handwerk. In diesem Kapitel erfährst du, wie du bei deinen Teilnehmenden mit der richtigen Technik noch viel besser ankommst und professionell und dennoch nahbar wirkst.

Ton | Was nützt der beste Content, wenn ihn niemand versteht?

Auch wenn es verwunderlich klingt: Der Ton ist in einem Online-Meeting für deine Teilnehmenden das Allerwichtigste. Noch vor Inhalt und Videobild. Denn wenn deine Teilnehmer dich kaum oder nur schlecht hören können, verpuffen deine wertvollen Informationen in der Leitung. Du verlierst deine Wirkung.

Deshalb starten wir mit dem Thema »Der gute Ton«. Und damit ist ausnahmsweise an dieser Stelle noch nicht das Thema »Benehmen im Online-Meeting« gemeint. Das kommt später...

Zuvorderst ist wichtig, dass deine Stimme möglichst unverfälscht und klar bei deinen Teilnehmenden ankommt. Dafür kannst du einiges tun. Doch das setzt zuerst das Bewusstsein voraus, dass du vermutlich derzeit bei deinen Zuhörenden ganz anders ankommst, als du jetzt aktuell noch glaubst.

Das Thema Ton besteht immer aus zwei Komponenten: Sender und Empfänger. Zwischen diesen beiden kann – auf dem Weg vom Sender zum Empfänger – allerdings noch eine Menge geschehen.

Ton | Könnt ihr mich hören?

Kaum ein Online-Meeting beginnt ohne diesen Satz. Die Unsicherheit in Bezug auf die eigene Technik ist groß. Wir als Sender des Tons hören uns ja selber bestens. Mit immer gleicher Qualität. Mal ehrlich: Hast du schon mal überprüft, wie deine Teilnehmenden dich im Online-Meeting tatsächlich hören? Du würdest möglicherweise erschrecken!

Genau deshalb hat diese Frage Berechtigung. Längst sind nicht alle, die online arbeiten, technisch gut ausgestattet. Daher tust du gut daran, als Moderator für deine Teilnehmenden ein wenig mitzudenken. Indem du auf deiner Seite für optimierten Ton sorgst.

Ton | Wie du wirklich guten Ton lieferst ...

Für guten Ton setze bitte keinesfalls auf das eingebaute Mikrofon an deinem Laptop oder MacBook. Das reicht oft maximal dafür, dich überhaupt hören zu können – doch wirklich gut verstehen geht anders. Angenehmer und sympathischer Ton auch.

Mehrere Faktoren beeinflussen den Ton, den du sendest.

1 Die Qualität der Datenleitung bei dir im Sendestudio – und auch bei deinen Teilnehmenden – hängt von vielen Faktoren ab. Trage während des Online-Meetings dafür Sorge, dass möglichst nur das die verfügbare Leitung belastet, was gerade wirklich gebraucht wird. Schalte Social Media, Netflix oder das Rendern von Videos aus. Bitte auch deine Teilnehmenden, ihre Datennutzung auf das Wesentliche zu reduzieren.

Oft unbeachtet: Die Uhrzeit deines Online-Meetings entscheidet mit über die Qualität der Datenleitung. Denn inzwischen arbeiten viel mehr Menschen von zu Hause. Dazu kommen Familienangehörige, die ebenfalls mehr Datenverkehr mit Heimarbeit oder Homeschooling beanspruchen. Und dann kommt das soziale Leben mit Streamingdiensten, Video-Rendering, Podcasts, Cloud-Computing, Gaming-Plattformen und mehr hinzu.

Morgens zwischen 7:30 und 9:30 werden die meisten Rechner hochgefahren, was viel Datenvolumen beansprucht. Die datennutzungsstärkste Zeit liegt wochentags zwischen 19 und 21 Uhr. Wenn die einen noch arbeiten und bei anderen schon der Feierabend beginnt. Da sind zusätzlich noch Smartphones, Tablets und Streamingdienste verstärkt im Einsatz.

Verbessere deine Datenrate. Eine Kontaktaufnahme zu deinem Netzprovider kann aktuell hilfreich sein. Oft kostet eine schnellere Leitung heute kaum mehr – doch das Arbeitstempo und die Zuverlässigkeit profitieren extrem.

2 Teste deine Tonqualität. Das kannst du auf verschiedene Arten tun: Mit Kollegen oder Freunden einfach mal ein Wir-probieren-das-jetzt-mal-aus-Meeting einberufen und nach Herzenslust mit der Technik spielen. Oder aber deine Aufnahme im Online-Meeting für dich selbst mitschneiden oder ein Video von dir aufnehmen – und nachher einmal anhören. Schon dabei wirst du die eine oder andere Überraschung erleben.

Noch heftiger wird es, wenn du dir bewusst machst, dass deine Teilnehmenden, die als Empfänger am anderen Leitungsende sitzen, vielleicht weniger gute Lautsprecher haben. Umso mehr Qualität solltest du auf deiner Seite ins Netz schicken.

3 Raumakustik und Umfeldlautstärke haben sehr viel Einfluss auf deinen Ton. Bei dir als Sender und bei deinen Empfängern. Große, leere Räume haben eine deutlich schwieriger zu optimierende Akustik (= Lehre vom Schall) als kleine und vollgestellte Räume. Kurzum: Dein Ton mag es gern etwas weniger stylish und klingt in plüschigen Räumen mit Sofas, Vorhängen und Textilien einfach besser.

Vor allem liebt er Textilien in deiner direkten Nähe. Am liebsten hat er reichlich schwere Gardinen, Teppiche, Decken und Kissen. Es gibt professionelle Podcaster (bei Podcasts zählt halt vor allem eine gute Stimme!), die – kein Scherz – ihre Podcasts im Kleiderschrank oder in der Abstellkammer sitzend aufnehmen. Der Ton wird da brillant – doch vor der Webcam wäre das mit dem Sitzplatz im Schrank eher suboptimal. Dennoch: ein Stück Noppenschaumstoff hinter dem Mikro oder eine daruntergelegte Decke, die eine glatte Schreibtischplatte abdeckt, wirken oft Wunder.

4 Mikrofone wollen vor Ort probiert werden, bevor du dich für eines oder mehrere entscheidest. Jede Stimme, jeder Raum und jede Technik schafft – bei gleichem Sprecher – eine vollkommen andere Stimmwelt. Wichtig ist bei der Entscheidung fürs richtige Mikrofon, ob du statisch an einem Platz sitzt oder ob du dich in deinen Online-Veranstaltungen viel bewegen willst. Wer es beweglich braucht – beispielsweise als Online-Sporttrainer –, ist mit einem Funkmikrofon, bei dem das Mikro in immer gleicher Entfernung vom Mund ist, besser bedient als mit einem Tischmikrofon. Wer hingegen viel mobil unterwegs ist, will kein dickes Profimikro mit sich herumtragen. Wer stets vom Schreibtisch aus arbeitet, der kommt in der Regel oft sehr gut mit dem Mikrofon seiner externen Webcam klar.

Probiere alle verfügbaren Varianten mit ein paar Kollegen oder Freunden einfach mal gezielt aus. Sie können dir Feedback geben, was bei ihnen am besten ankommt.

5 Das Technik-Equipment deiner Teilnehmenden spielt eine wichtige Rolle. Hören sie dich einfach über den Lautsprecher des PC-Bildschirms oder Laptops? Verwenden sie ein Headset? Oder haben sie eine externe Soundbar oder Box angeschlossen? Fakt ist, dass du darauf keinerlei Einfluss hast.

Es kann helfen, vorher zu fragen, wer dich über welche Art Lautsprecher hört. Schon diese Frage löst beim einen oder anderen den Impuls aus, da vielleicht auch selbst mal zu optimieren. Dass du selbst dafür Sorge trägst, dass du deine Teilnehmenden gut hörst, dürfen wir sicher voraussetzen, oder?

6 Musik im Online-Meeting abzuspielen ist eine gute Idee – doch beachte dabei bitte zwei Dinge:

⮑ Wähle Musik, die einen möglichst breiten Geschmack bedient. Die falsche Musik kann Teilnehmende schnell verärgern. Das mindert ihre Bereitschaft zu aktiver Teilnahme. Musik sollte auch nur leise im Hintergrund laufen und nur in ruhigeren oder Pausenzeiten. Die Musik sollte einen inhaltlichen Sinn verfolgen, beispielsweise Teilnehmende aktivieren oder zur Ruhe bringen, ansonsten verzichte besser darauf.

⮑ Musik unterliegt strengen Urheberrechten. Du darfst ein Musikstück von deiner Playlist erst dann abspielen, wenn das Thema Urheberrechte geklärt wurde. Das kann mit einer schriftlichen Genehmigung durch den Komponisten und Texter oder die Zahlung von GEMA-Gebühren (= Gesellschaft für musikalische Aufführungs- und mechanische Vervielfältigungsrechte) passieren. Ansonsten bewegst du dich auf sehr dünnem Eis im Frühjahr – insbesondere bei größeren und anonymeren Veranstaltungen. Und ja, das ist lästig – doch Künstler leben eben auch von ihrem geistigen Eigentum.

7 Um Videos, Musik oder Töne im Online-Meeting abzuspielen, sollte der Ton sauber übertragen werden – prüfe das bitte vorab. Hierzu kannst du entsprechende Einstellungen bei deiner bevorzugten Online-Plattform aktivieren – bei Zoom beispielsweise ist es ein kleiner Haken unten im Bereich der Bildschirmteilung »Ton freigeben« oder »für Videoclip optimieren«.

8 An Headsets scheiden sich die Geister. Es gibt – rein optisch und grob betrachtet – drei Arten von Headsets: diese kleinen Knöpfe, die als Smartphone-Kopfhörer dienen. Dazu zählen auch In-Ear-Ohrknöpfe. Weiterhin gibt es dezentere Headsets, die kaum auffallen und die Frisur keineswegs völlig ruinieren. Und dann ... gibt es Gamer-Headsets ..., klobig, bunt, auffallend.

Klar sind Headsets klasse, wenn du viele Umgebungsgeräusche hast oder selber weniger gut hören kannst. Das Mikro sitzt zudem gut am Mund und gibt oft feinen Ton, wenn es denn richtig unterhalb des Mundes Richtung Kinn eingestellt ist. Oft gibt es jedoch fiese Zisch- und Atemlaute, wenn der Bügel unglücklich sitzt. Also probiere bitte vor deinem Mund aus, in welcher Position dein Mikrofonbügel optimal arbeitet.

Headsets haben jedoch eine keinesfalls zu unterschätzende unterbewusste, psychologische Wirkung auf deine Teilnehmenden. Es gibt Menschen, die empfinden Headsets schlicht als abweisend. Für sie signalisiert das Tragen eines Headsets eine reduzierte Kommunikationsbereitschaft. Der Anblick des kopfhörertragenden Sprechers strengt diese Menschen deutlich an. Das sollte dir als Nutzer eines Headsets bewusst sein. Willst du echte menschliche Nähe erreichen, kann der Verzicht aufs Headset in vielen Fällen – vor allem bei sehr persönlichen Themen – zielführend sein.

Ton | Schrei mich nicht an!

Manche Teilnehmende sind sehr leise, andere wiederum brüllen einen zum Start ins Meeting fast nieder. Dieser Unterschied kann – gerade bei längeren Meetings – sehr anstrengend werden.

9 Es ist eine gute Idee, zu Beginn eines Meetings die Lautstärke bei allen zu synchronisieren. Das ist bei den meisten Plattformen bei den individuellen Einstellungen einfach möglich – sowohl für den gesendeten als auch für den empfangenen Ton. So hören wir uns ohne unnötige Anstrengung.

Webcam | deine Wirkung hängt davon ab ...

Eingebaut oder extern – welche Webcam macht ein tolles Bild und was ist dabei zu beachten? Angesprochen sind hier alle, die Laptops, MacBooks, Netbooks, Notebooks oder Tablets in Online-Meetings nutzen:

Webcam | Bring dich ruhig auf Augenhöhe!

Wer ständig von oben herab betrachtet wird, fühlt sich unwohl und empfindet die Situation als unnatürlich. Doch genau das tun die Nutzer mobiler Computertechnik häufig: Das Gerät steht auf der Tischplatte oder gar auf den Knien – und der Nutzer schaut auf alle anderen Teilnehmenden herab.

10 Von oben herab auf andere zu schauen ist psychologisch unfein. Weil es leicht arrogant wirkt und nach Gedankenlosigkeit aussieht. Du kannst jetzt grummeln, das sei übertrieben – doch probiere es mal aus, wie es sich anfühlt, wenn sich alle in einem Online-Meeting auf echter Augenhöhe begegnen. Ganz anders nämlich. Entspannter. Natürlicher.

Und so ganz nebenbei ist das eine sehr einfach zu erreichende Entlastung deiner Nackenmuskulatur.

Statt von oben herab ...   ... besser auf Augenhöhe.

11 Bringe deine Kameralinse auf Augenhöhe. Stelle dein Gerät auf einen stabilen Stapel Bücher, den ungenutzten Brockhaus der Großeltern oder auch Schuh- oder Spielkartons. Hauptsache stabil. Es gibt auch durchdachte Laptop-Ständer für ältere Schwergewichte. In der Regel sollte das Gerät rund dreißig Zentimeter in die Höhe wandern, damit es gut passt.

Mach deiner Webcam schöne Augen – dann fällt es dir leichter, immer wieder in die Linse statt auf den Bildschirm zu gucken.

Diese hier kannst du unter https://bettinaschoebitz. de/extras/webcam-augen runterladen, ausdrucken, ausschneiden und aufkleben.

12 Eine feste Unterlage sorgt dafür, dass deine Teilnehmenden keine Seekrankheit bekommen, weil dein sendendes Gerät auf deinen hibbeligen Sofabeinen schaukelt. Stelle es bitte immer auf eine feste und ruhige Unterlage. Das ist für alle Beteiligten wohltuend – auch für deine eigene Muskulatur.

Noch besser ist es, wenn du das Glück hast, einen höhenverstellbaren Schreibtisch zu nutzen. Dieser ermöglicht dir noch mehr Feinjustierung in Sachen Kameralinse und er schenkt dir mehr Bewegungsspielraum. Das entlastet deinen Nacken und auch deine Rückenmuskulatur.

Webcam | Du bist echt scharf ...

Wenn es darum geht, Kameras in mobile Endgeräte – mit Ausnahme von Smartphones – einzubauen, haben die meisten Hersteller bisher keineswegs zum hochwertigen Material gegriffen. Ja, auch der Apfel-Hersteller war da bisher weniger spendabel. Nicht mal zur Mittelklasse wurde gegriffen, sondern preisbewusst zum eher Billigen. So ist dann eben auch die Qualität der eingebauten Webcams. Sie tut ihren Job, doch viel zu oft auch weit entfernt von zumutbar. Vermutlich wird sich das in den nächsten Jahren ändern, doch erst einmal haben wir fast alle Geräte mit Vor-Corona-Ausstattung.

13 Etwa ab neunzig Euro für eine gute externe Webcam sind wirklich bestens investiert. Weil diese ein deutlich klareres Bild und meist auch noch einen guten Ton im Gepäck hat. Sie hat eine bessere Lichtausbeute und lässt dich deutlich schärfer erscheinen, was dein Bild angeht.

Leicht zu installieren sind fast alle, da sie über einen USB-Stecker direkt am Rechner (besser keinen USB-Hub verwenden) fast immer sofort funktionieren.
Gute Mittelklasse unter den Webcams ist
Stand 2021 die Logitech C920, weil sie auch
noch eine Software für verschiedene Einstellungen nutzt und sehr robust ist. Wer es
schon jetzt etwas hochwertiger mag, dem
sei die Logitech Brio ans Herz gelegt. Logi-
tech deshalb, weil es dort eben eine Software gibt, die verschie-
dene Einstellmöglichkeiten – von Bildausschnitt über Helligkeit
bis Weitwinkel anbietet. Wer es wirklich professionell will, kann
auch seine digitale Spiegelreflex-Kamera mittels Cam-Link zur
Webcam umfunktionieren.

14 Die Augenhöhe lässt sich mit einer externen Webcam
deutlich leichter einrichten. Indem du dein mobiles
Endgerät lässig auf dem Tisch stehen lassen kannst und nur die
externe Webcam auf Augenhöhe stellst. Mittels eines Stativs –
welches du auch kreativ mit den Klemmbausteinen deiner Kinder
zaubern kannst. Oder eben auch auf einem Stapel Bücher. Hier
kannst du kreativ werden und dich perfekt einrichten.

Webcam | Mit der richtigen Einstellung ...

Es gibt bisher wenige bezahlbare Webcams, die mit Software da-
herkommen. Doch genau diese Software ist Gold wert, weil sie
verschiedene Einstellungen ermöglicht. Den Blickwinkel der Kamera zum Beispiel. Dieser sagt aus, wie viel die Kameralinse von
der Fläche neben und hinter dir aufnimmt. Ist dieser Winkel zu
breit, werden Dinge gezeigt, die du gar nicht im Bild haben willst.
Viele Kameras – und das gilt auch für teurere Modelle! – haben
tatsächlich keine oder nur minimale Verstellmöglichkeiten.

15 Mehrere Einstellmöglichkeiten sollte deine neue externe Webcam idealerweise mitbringen. Der Standard-Weitwinkel, den die Kamera hat, ist eine relevante Zahl. Willst du lieber einen schmalen Bildausschnitt hinter dir zeigen, sollte der Weitwinkel um oder unter achtzig Grad liegen, wünschst du eine breite Ansicht – beispielsweise, weil du dich frei und stehend bewegen willst und eine große Wand im Rücken hast, dürfen es auch einhundertzwanzig Grad und mehr sein.

16 Teste das Kamerabild – viele haben leider eine schlechte Optik. Dann wirkt das Videobild gerne wie in einer Fischaugen-Perspektive: Rund um dich bleibt keine Linie gerade. Hier kann es sinnvoll sein, eine neue Webcam im Internet zu bestellen, um dein vierzehntägiges Rückgaberecht zu nutzen, wenn sich die Technik für dich als untauglich erweist.

17 Die digitale Zoomfunktion ist bei Webcams bisher noch rar – doch für dich sehr nützlich. Zwar werden damit Bilder auch gröber gepixelt – doch du kannst Dinge aus dem Bild zoomen, die du anderen in keiner Form zeigen willst. Daher sind solche Einstellfunktionen bei einer Webcam ein echtes Geschenk.

Licht | Zeig dich im besten Licht, damit du glänzen kannst

Wie oft in den letzten Online-Meetings hast du Menschen erlebt, die offenbar unter der Erde zu leben scheinen? Auf ihrer Videokachel ist es so finster, dass sie die Kamera auch gleich hätten ausgeschaltet lassen können. Sie verstecken sich, zumindest gefühlt, im Dunkeln.

Licht | Vertrauen braucht ... Licht

Wenn wir mit Menschen arbeiten oder von ihnen lernen oder bei ihnen etwas kaufen möchten, dann brauchen wir eine Vertrauensbasis. Um zu einem Menschen Vertrauen aufzubauen, möchte ich ihn zuallererst gut sehen können. Dafür braucht es Licht, welches diese Person angenehm sichtbar macht.

18 Bring dich gut sichtbar ins Bild. Wir haben in den letzten Monaten wohl auf Videobildschirmen alle Deckenlampen gesehen, die es in weltweiten Bau- und Möbelhäusern zu kaufen gibt. Doch die Gesichter davor blieben zu oft im Dunkeln. Hier braucht es gutes Licht von vorne auf dein Gesicht.

Licht | Mimik sichtbar machen

Unser Gesicht zeigt Gedanken und Gefühle viel unvermittelter, als es Worte je ausdrücken könnten. Deswegen ist es für uns sehr wertvoll, dass wir auch feine Bewegungen (= Mikromimik) im Gesicht unseres Gegenübers erkennen können. Durch mangelnde Beleuchtung ist das in vielen Videomeetings kaum möglich. Daher brauchen wir mehr Licht ins Gesicht, damit es online auch mit den anderen Menschen klappt. Damit ein soziales Miteinander entstehen kann. Damit wir uns miteinander wohl fühlen.

Das Licht sollte uns gut beleuchten, doch auch nicht überstrahlen, damit die Mimik erkennbar bleibt. Es sollte eine angenehme Farbe haben und uns idealerweise gesund aussehen lassen.

19 Ringleuchten gelten für viele Online-Aktive als die perfekte Lösung. Das sind LED-Leuchtringe von etwa vierzig Zentimetern Durchmesser, in deren Mitte du eine Kamera oder ein Smartphone befestigen kannst. Drei Nachteile bringen diese bei Instagrammern beliebten Leuchten jedoch mit: das Gesicht ist nahezu schattenfrei ausgeleuchtet, was Mimikerkennnung drastisch reduziert. Der Lichtring ist auf der Iris erkennbar – es wirkt ein wenig wie Alien-Augen. Falten werden teils gnadenlos in Szene gesetzt – für Ältere sind sie also per se eher unglücklich.

Für Brillenträger sind sie schlicht ungeeignet, denn auf Brillengläsern verhindert der strahlend gespiegelte Ring die klare Durchsicht auf die Augen. Was wiederum vertrauenshemmend wirkt. Klar können Brillenträger sie auch nutzen, doch dann bitte schräg von der Seite und deutlich über Gesichtshöhe. Das hat zur Folge, dass der eigentliche Vorteil der Ringleuchten hier komplett wegfällt.

20 Schon eine einfache Schreibtischlampe kann eine gute und variable Beleuchtung sein. Sie kommt auf der Schattenseite des Gesichtes zum Einsatz, sofern ein Fenster dich einseitig beleuchtet. Auch ein Deckenfluter kann einen Raum so erhellen, dass genügend Licht von den Wänden auf das Gesicht reflektiert wird.

21 Semi-professionelle Fotoleuchten sind einen Schritt professioneller. Du findest sie im Internet oder in einem Fachgeschäft. Sie werden gerne kombiniert mit Softboxen, um das Licht weniger grell erscheinen zu lassen. Hier gibt es meist nur die Funktionen »an« oder »aus« ohne Dimmfunktion. Doch generell gilt: Lieber etwas zu viel als zu wenig Licht.

22 LED-Panels sind die Wahl der Profis. Hier gibt es sogar luxuriöse Versionen, die mittels einer zugehörigen App vom eigenen Sitzplatz oder Standort – mit direktem Blick auf die Wirkung in der Kamera – verstellt werden können. Damit lassen sich sowohl Helligkeit als auch Lichtfarbe perfekt an die gewünschte Ausleuchtung anpassen. Einige davon können sogar mittels zukaufbarer Akkupacks zeitweilig stromunabhängig betrieben werden.

Licht | Dachfenster, Tageslicht und Glanz

Fenster im Rücken oder hinter dem Kopf sind eine ganz schlechte Wahl. Fenster von der Seite stellen eine Herausforderung dar, weil bei hellem Tageslicht oft eine Gesichtshälfte massiv überstrahlt wird. Tageslicht wechselt nahezu ständig die Farbtemperatur. Deswegen haben professionelle Studios keine Fenster. So kann mittels künstlicher Beleuchtung eine immer gleiche Farbtemperatur hergestellt werden.

23 Mit einem verdunkelnden Vorhang oder Rollo kannst du dein Fenster verschatten. Oder du wechselst den Standort im Raum. Das erfordert erst mal ein paar Testrunden. Doch irgendwann hast du deine perfekte Situation gefunden. Du wirst sehen – es lohnt sich.

24 Spiegel- oder Glasflächen hinter dir sind schwierig für deine Teilnehmenden. Moderne, hochglanzlackierte Möbelflächen können ebenfalls unangenehm sein, weil sich Licht darin spiegelt und unangenehme Lichtblitze erzeugen kann. Daher notfalls mit Stoff abhängen oder den Sitzplatz oder Standort wechseln. Manchmal reicht schon ein kleiner Positionswechsel, um das zu verhindern.

2.

Das Setting
Damit du richtig gut wirkst

Das Umfeld, in dem du dich vor der Webcam zeigst, sagt sehr viel über dich aus. Über deine Art zu leben und zu arbeiten. Über deinen Stil und auch über deine Haltung gegenüber Teilnehmenden in deinen Online-Veranstaltungen. Hier zeigt sich, wer sich ein wenig Mühe gibt, um den Teilnehmenden einen erfreulichen und ablenkungsarmen Hintergrund zu präsentieren.

Setting | Dein Hintergrund bildet den Rahmen für deine Präsenz

25 Beim Thema Hintergrund wird es in Online-Meetings schnell ... unprofessionell. Mach es besser als sehr viele andere Online-Nutzer. Sei dir bewusst, wie viel der Hintergrund, den du zeigst, zu deiner professionellen Wirkung vor der Webcam beiträgt. Wie sehr du dich als fachlicher Kompetenzträger plötzlich im Homeoffice-Umfeld in einer ganz anderen Welt präsentierst. Und dabei mächtig an Ansehen verlierst, sofern sich das Bild vom Status deiner Person auf einmal massiv wandelt ..., weil im Hintergrund allerhand zu sehen ist, was Facetten von dir zeigt, die keinesfalls an die Öffentlichkeit oder zur Arbeit gehören.

26 Wie viel verrätst du von dir? An welchem Ort du vor der Kamera sitzt, spielt eine wichtige Rolle – ob daheim am Esstisch oder im Großraumbüro, auf der Terrasse oder im Einzelbüro. Überall gelten andere Rahmenbedingungen für Ton, Licht, Webcam und Hintergrund.

Doch immer gilt: Sei dir bewusst, wie viel Persönliches und Privates du verrätst. Und was sich deine Teilnehmenden dabei denken ...

Persönlich oder privat?

Gerade in dieser als distanzierter empfundenen Online-Welt ist es hilfreich, sich auch mal etwas persönlicher zu zeigen. Die als sehr streng bekannte Chefin wird ganz anders wahrgenommen, wenn plötzlich ihr Kind ins Videobild tritt und sie damit sehr liebevoll umgeht. Der im Büro eher behäbig erscheinende Kollege verändert seine Wahrnehmung, wenn erkennbar wird, dass er seine Eltern pflegt und zudem für alle kocht, weil seine Frau im Schichtdienst arbeitet.

Es macht uns nahbarer und sympathischer, wenn wir ein wenig von außerhalb des Arbeitsplatzes preisgeben. Doch es gibt einen Unterschied zwischen Persönlichem – also Dingen, die wir auch öffentlich verraten können – und Privatem. Letzteres geht nur das direkte Umfeld was an.

Wie du den Unterschied erkennst? Ganz einfach: Stell dir vor, der Sachverhalt würde in drei Meter großen Lettern an der Hauswand gegenüber vom Wohnzimmerfenster deiner Eltern stehen. Wenn es dir dann unangenehm wäre, ist es privat. Passt es für dich, darfst du damit auch online offen umgehen.

27 Dein Hintergrund ist aktuell eher weniger präsentabel? Die schnellste Lösung ist meist ein einfaches, gebügeltes Bettlaken (nein, bitte kein Spannbettlaken ...), welches du mit einigen Klammern oder Heftzwecken hinter dir so drapierst, dass das Gröbste verdeckt wird.

28 Ein neutraler Paravent, ein blickdichtes Rollo oder ein Vorhang oder ein ausreichend breites Roll-up-Display machen dich deutlich flexibler. Alle sind schnell auf- und abgebaut und lassen sich auch im Homeoffice meist gut unterbringen oder unauffällig verstauen.

29 Ein Greenscreen – also ein grünes Objekt zur Nutzung virtueller Hintergründe – gilt unter Profis als Königsklasse unter den Hintergründen. Seine Anforderungen solltest du jedoch kennen und beherzigen: Eine starke Grafikkarte im leistungsfähigen Rechner und ausreichend Licht. Ohne die geht hier nämlich gar nix, was auch nur ansatzweise professionell wirkt.

Ein guter Greenscreen braucht einiges an Tests und Übung und es gilt bei seiner Nutzung auch bei der Farbe der eigenen Kleidung aufzupassen. Greenscreens können vom einfachen kräftiggrünen Bettlaken oder Tischtuch bis zu professionellen Roll-ups und Rollos reichen.

30 Aufräumen ist die preiswerteste – wenn auch oft unbeliebteste – aller Lösungen. Du kannst dein Video-Hintergrundbild mit vorhandenen Mitteln geschickt und ansprechend inszenieren. Ja, das ist kurzzeitig etwas mühsam, doch langfristig lohnt es sich. Langfristig. Denn wie schon zu Beginn dieses Buches geschrieben: Dieses »online« ist gekommen, um zu bleiben.

Anekdote

Die Geschichte des Online-Meetings begann in Deutschland 1983 mit Bigfon auf der Berliner Funkausstellung. Damals kostete die Studioausstattung rund eine Viertelmillion Mark. Heute reichen schon wenige Hundert Euro für eine deutlich bessere Technik: ein durchschnittlicher Laptop.

Zunächst gingen mit Pandemiebeginn alle davon aus, dass wir einfach irgendwie weitermachen müssten. Und so waren Ton, Licht, Kameraqualität oder Hintergrund vielen Menschen einfach total egal. Es ging nur darum, das Schiff am Schaukeln zu halten. Und so kam es, dass wir in kurzer Zeit sehr viel Amüsantes, aber auch Bedenkliches erlebt haben. Viele von uns kennen inzwischen alle in deutschen Bau- und Möbelhäusern verfügbaren Deckenlampen, weil wir diese hinter den schlecht platzierten Laptop-Bildschirmen unserer Kollegen gesehen haben. Auch sehr sympathisch ist es, diese Kollegen dann von oben herabschauend genießen zu dürfen.

Wir Online-Profis – und vermutlich auch du – haben inzwischen fast alles gesehen: von gruseligen Siebzigerjahre-Tapeten, Röhrender-Hirsch-Bildern bis zu allerhand merkwürdigem Mobiliar. Wir sahen im Hintergrund das Spülgut von vier Wochen, verkalkte Badezimmerkacheln, Wäscheständer –, mit violetter Reizwäsche der Partnerin – bis hin zum (unabsichtlichen!) Flitzer, der von seiner Partnerin uninformiert war, dass sie online ist.

Klasse war auch der Uni-Professor mit sehr guter Kamera, der sich vor einer höchst professoralen Bücherwand zeigte. In der rechts neben seinem Ohr dann allerhand Buchtitel mit erotischem Hintergrund sehr deutlich zu lesen waren.

Schlechte Beispiele gibt es reichlich. Auch täglich in den Abendnachrichten sind sie auch jetzt noch häufig zu sehen. Den Höhepunkt bildete ein kräftig gebauter Dienstleister, der sein vom Kunden bezahltes Mentoring im Hochsommer auf dem – an die

aufgestellten Oberschenkel gelehnten – Tablet durchführte. Auf
seinem Bett! Schicker Blickwinkel von sehr weit von unten auf sein
Mehrfach-Kinn. Die Begründung des Akteurs: Das Schlafzimmer sei
der einzige Raum mit Klimaanlage ... Mach das bitte niemals! Das
verursacht echt fiese Albträume bei Kunden und Kollegen!

Setting | Zeig auf keinen Fall zu viel (Bild-) Auschnitt!

Wir hatten zuvor schon das Thema Weitwinkel, wenn es um die Webcam geht. Ein möglichst breiter Blickwinkel ist keineswegs von Vorteil. Er zeigt viel – und du bist mit deinem Kopf auf der breiten Fläche als Persönlichkeit deutlich weniger präsent. Anders ist es, wenn du mit dem ganzen Körper (= Totale) sichtbar vor der Kamera stehst – dann brauchst du einen breiteren Blickwinkel als Bewegungsspielraum. Doch das bedeutet auch, dass du einen entsprechend deinem Bewegungsradius breiteren Hintergrund optisch angemessen gestalten darfst.

Mit einem engeren Sichtbereich hingegen kannst du viel Zeug außerhalb der Kameraperspektive verschwinden lassen. Das wirkt aufgeräumter und deutlich attraktiver. Ein ruhiger Hintergrund wirkt entspannend auf deine Teilnehmenden. Du tust ihnen damit wirklich etwas Gutes.

Folge stets der Mission: Es darf die Teilnehmenden nichts ablenken. Dein Thema, dein Anliegen ist die Hauptfigur. Trage dafür Sorge, dass sich die Teilnehmenden bestmöglich darauf konzentrieren können.

31 Dein Bildausschnitt ist quasi das Dekolleté deines Raums. Du entscheidest, wie viel du in die Kamera hältst. Es ist dabei wenig anregend, wenn du auf den ersten Blick viel zu viel zeigst. Daher dekoriere deinen Ausschnitt ansprechend und gestalte ihn so klein wie möglich und so groß wie nötig.

32 Das gilt auch, wenn du dich als Person vor der Kamera komplett zeigst – beispielsweise, weil du sportliche Aufgaben (Yoga, Tai Chi, Tanzsport oder Ähnliches), dein Flipchart oder eine Metaplanwand mit im Bild haben möchtest. Das Umfeld sollte dich und dein Thema vor der Kamera optimal präsentieren.

33 Setze auf ein clever inszeniertes Hintergrundbild. Nutze deine Möglichkeiten, wenn es darum geht, statt einer langweiligen Wand ein angenehmes Ambiente zu zeigen. Eine saubere Wand oder ein angemessen glattes Bettlaken im Rücken, davor eine Pflanze, ein Tischchen oder ein Regal und vielleicht dein Unternehmenslogo sind da wunderbare Elemente, die ganz nach Wunsch zum Einsatz kommen können. Das mit dem Aufräumen und gezielten Hübschmachen erledigst du in der Regel nur einmal im Homeoffice – ab da weiß du, wie du alles schnell wieder so herrichten kannst.

3.

Online präsentieren
Du entscheidest:
Zoom-Fatigue oder
Begeisterung

In der digitalen Lern- und Unternehmenswelt wurden in vielen Online-Veranstaltungen einfach die bisher für die Präsenz genutzten Präsentationen eins zu eins hergenommen und dann eben über Zoom oder Microsoft Teams oder andere Plattformen gehalten. Ist doch alles eigentlich wie immer – nur eben online, dachte so mancher.

Falsch gedacht. Genau das hat dafür gesorgt, dass viele Menschen dieses »online« einfach nur noch nervig finden. Schnell kam der Begriff der Zoom-Fatigue auf. So wirkt es ermüdend und animiert die Teilnehmenden, die Kamera abzuschalten. Menschen wollen soziale Nähe auch im digitalen Raum spüren, doch in der Praxis entsteht bei unbewusster Kommunikation noch mehr soziale Distanz.

Lass uns ehrlich sein: rund achtzig Prozent der uns zugemuteten Präsentationen waren und sind grottig. Das waren sie schon vor Corona und sind kaum besser geworden. Im Gegenteil.

Hauptsache fett das Unternehmenslogo drauf. Jede Menge Marketingschnickschnack in Unternehmensfarben und -schrift. Unfassbare Textwüsten. Kaum entzifferbare, reinkopierte Tabellen. Sinnfragliche Grafiken und auf jeden Fall jede Menge Folien gehören zum Standard. Das ist ja oft sogar traurige Unternehmensvorgabe ...

Mittlerweile ergänzen Menschen gerne Präsentationen um Fotos – doch leider oft ohne inhaltlichen Mehrwert und Sinnzusammenhang. Gerne auch aus dem Internet gemopst, wie am Wasserzeichen oder an der Signatur allzu leicht erkennbar wird.

Das alles geschieht aus der Angst, der Vortrag könnte unprofessionell – also abseits des Gewohnten – erscheinen oder gar vor der angesetzten Zeit enden. Mit dem Ergebnis, dass oftmals gerade bei internen Meetings hemmungslos überzogen wird.

Doch ist es wirklich so schlimm, wenn wir einfach mal früher fertig sind? Nein. Es wirkt sehr souverän, vor der Zeit fertig zu sein und dennoch alles Wichtige vermittelt zu haben. Darüber sind am Ende alle glücklich.

Lass uns das Übel an der Wurzel packen. Es ist Zeit, dass wir Präsentationen endlich als das verstehen, was sie wirklich sind: Sie besitzen stets die Relevanz einer verzichtbaren Nebenrolle, und sollten nicht versuchen, sich mit visuellen Effekten zur Hauptfigur aufzuschwingen.

Präsentation | Mit allen Mitteln begeistern

Die Hauptrolle gebührt nämlich dem ... Thema. Welches vom charmanten Präsentierenden ins beste Licht gerückt und mit Leidenschaft kommuniziert wird. Und das bitte im Idealfall so, dass es bei den Zuhörenden etwas auslöst: Betroffenheit, Begeisterung, Freude, Kreativität oder andere Gefühle. Hauptsache, es setzt etwas in uns in Bewegung. Nennt sich dann übrigens Motivation.

Die entsteht eben dann, wenn wir Menschen emotional berühren, ihren Haupt-Lernkanal (sehen = visuell; hören = auditiv; fühlen und begreifen = kinästhetisch; riechen = olfaktorisch; schmecken = gustatorisch) kennen – und bewusst immer wieder ansprechen.

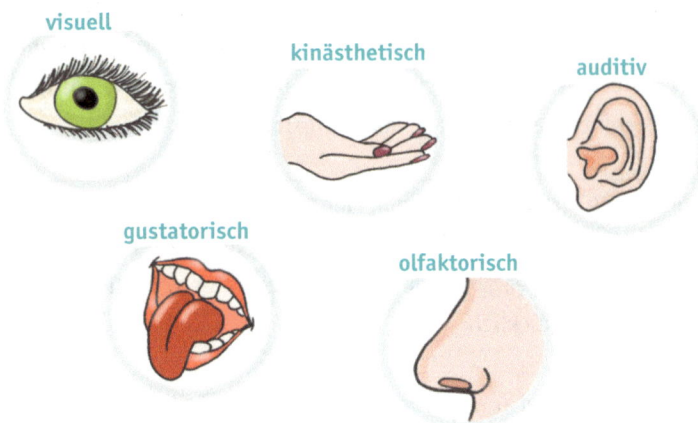

Präsentation | Interaktive Präsentation

Neben PowerPoint, Prezi und Keynote als den drei bekannteren Präsentationstools kommen stetig neue Anbieter dazu, die uns in Sachen Präsentation ganz neue Welten eröffnen. Das ist ganz typisch für die neue digitale Arbeit: Es gibt ständig neue Tools, die einen Blick darauf lohnen. Denn mit neuen Werkzeugen entstehen auch neue Wirkungsmöglichkeiten. Oder ihre Bedienung ist eben einfacher und besser auf die Bedürfnisse des digitalen Präsentierens ausgerichtet. Zwei bemerkenswerte neuere Präsentationshelfer darunter möchten wir dir hier vorstellen:

34   Canva (https://canva.com) ist ein starkes Tool, das innovative Präsentationsformate und kreative Gestaltungen ermöglicht. Es ist zudem wunderbar mit anderen Tools – wie beispielsweise dem guten alten PowerPoint – kombinierbar. Hier kannst du deine Präsentation oder interaktive Grafiken und Bilder direkt aufzeichnen, Bilder in der Software freistellen und Inhalte mobile-first-optimiert abspielen lassen. Ein wichtiger

Aspekt – denn gerade bei externen Präsentationen gilt heute, dass oft schon der Großteil des Publikums über das Smartphone oder Tablet und eben seltener über einen klassischen Computer dir zuhört und zusieht.

Canva bietet überdies richtig coole Vorlagen, die noch nicht jeder kennt. Es gibt starke Animationen, weniger bekannte Bilderwelten und das Tool erweitert ständig seine beachtlichen Fähigkeiten.

35 Genial.ly (https://genial.ly) ist seit 2020 neu auf dem deutschsprachigen Markt. Es wurde von drei Spaniern gegründet – also in der EU und damit laut eigener Aussage DSGVO-konform. Dieses Tool erweist sich als ein echtes Highlight, da es den Einbau verschiedenster interaktiver Elemente ganz smart ermöglicht und keinen linearen Aufbau – wie beispielsweise Keynote und PowerPoint – vorgibt. Das erfordert bei der Planung etwas mehr Aufwand, rechtfertigt diesen jedoch beim Ergebnis wirklich.

Hiermit lassen sich auch lebendige Präsentationen für Selbstlern-Aufgaben erstellen, die einen Online-Kurs trefflich ergänzen. Es lassen sich Videos einbinden, Audios direkt aufnehmen, Aufgaben einbauen, die erst gelöst zur nächsten Lektion führen und allerlei kreative Ideen umsetzen. In Kombination mit anderen Tools können ganze Online-Kurse komplett interaktiv und mit Gamification-Elementen gebaut werden. Hiermit lassen sich Quizze, Escape-Rooms und ganze Erlebnis-Lernwelten bauen. Es ermöglicht eine gemeinsam-kollaborative wie auch die Einzel-Nutzung.

Präsentation | Ansprechend präsentieren – leicht gemacht

Sobald wir Präsentationstools nutzen, gibt es ein paar Grundlagen, die das Ganze für die Teilnehmenden wesentlich angenehmer und erfreulicher gestalten. Wir haben die aus unserer Sicht wichtigsten hier einmal für dich aufgeführt – mit besonderem Blickwinkel auf die Online-Nutzung:

➲ Verwende Schlagworte statt ausformulierter Sätze – das macht das Ganze übersichtlicher und die Mobilansicht angenehmer. Es gilt: maximal sieben Punkte/Schlagworte auf einer Folie. Immer! Jaaaa, auch in Präsenz! Sollten sieben Punkte absolut nicht ausreichen, dann nutze eine weitere Folie mit wieder bis zu maximal sieben Punkten.

➲ Die kleinste Schriftgröße sollte mindestens achtzehn Punkt betragen – du hast fast immer Brillenträger und auch Ältere unter deinen Teilnehmenden.

➲ Gestalte deine Präsentation für den Online-Einsatz nach Möglichkeit so, dass sie auch mobil – also auf Tablet und Smartphone – lesbar ist, auch an den Rändern gebogener Displays.

➲ Es kann sinnvoll sein, ein außergewöhnliches Format statt des gewohnten 4:3- oder 16:9-Formats zu wählen. Quadratische Präsentationen wirken modern und lassen auf Bildschirmen mehr Freiraum, wenn du oder deine Teilnehmenden mit nur einem Bildschirm online aktiv sind.

➲ Das Auge braucht Ruhe, daher lasse ausreichend Weißraum auf deinen Folien. Packe sie insgesamt weniger voll. Verzichte auf Logo und Corporate Design auf jeder einzelnen Folie und gestalte deine Folien keinesfalls zu bunt – doch eben auch niemals langweilig.

➲ Wenn du Fotos, Bilder, Visuals, Grafiken verwendest, sollten sie einen klaren Bezug zum Thema haben und die besprochenen Inhalte unterstützen. Vor allem solltest du dich bei Bildern von anderen – also auch Bilddatenbanken – versichern, dass du das Recht hast, diese Bilder auch für den vorgesehenen Einsatzzweck zu verwenden. Im Zweifel ist es sicherer, beim Rechteinhaber nachzufragen und die Allgemeinen Geschäftsbedingungen (= AGB) genau zu lesen. Eine Abmahnung wegen Urheberrechtsverletzung wird schnell teuer.

➲ Online brauchst du meist deutlich mehr Folien als offline. Das liegt darin begründet, dass in Präsenz natürlicherweise mehr drumherum passiert als auf dem Bildschirm des einzelnen Teilnehmenden. Zudem bist du auf der sicheren Seite, wenn du händisch Texte und Abläufe animierst – also statt einer Folie mit sieben animierten Bulletpoints lieber sieben Folien nacheinander mit jeweils einem Bulletpoint mehr, bis am Ende alle sieben sichtbar sind. Denn keineswegs immer laufen in die Präsentation eingebaute technisch basierte Animationen auf jeder Plattform problemlos ab.

➲ Wenn du vor der Webcam Notizen brauchst – beispielsweise um ein Video oder Tutorial zu drehen –, dann setze auf Stichworte. Noch besser sind eigene Visualisierungen. Sie bedienen deine gestützte Erinnerung und du weißt sofort, was du sagen wolltest, sobald du das Visual siehst. Diesen Streifen mit den herrlich imperfekten Visuals kannst du dir einfach direkt unter die Kamera kleben und hast deine Inhalte so bestens parat – auf dem Foto siehst du ein Beispiel von Bettina.

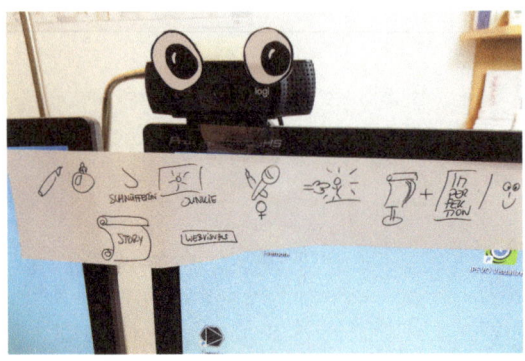

Präsentation | Kreative Präsentation mit außergewöhnlichen Methoden

Wer hat gesagt, dass es immer nur mit einer Beamer-Präsentation geht? Es gibt auch wunderbare Alternativen. Du kannst größere Karten verwenden, auf die Textbausteine geschrieben sind – ähnlich klassischen Moderationskarten. Nur dass du sie ins Publikum hältst, damit deine Teilnehmenden den Text darauf lesen können. Du hast sicher schon mal eines dieser Videos gesehen, wo Menschen mittels großer Karten mit handgeschriebenem Text, die sie nach und nach abblättern, wunderbare Geschichten erzählen. Wetten, dass das länger in den Köpfen deiner Teilnehmenden hängen bleibt als jede Beamer-Präsentation?

36 Halte Dinge in die Kamera oder lasse sie nach und nach erscheinen, indem du sie von oben, unten oder der Seite einfliegen lässt. Sie dürfen (d)eine Geschichte erzählen.

Wähle dabei Dinge, die einen – gerne auch emotionalen – Bezug zu deinem Thema haben, und erkläre anhand dieser Dinge deine Inhalte. Ob Wischlappen, rote Nase oder Multifunktionstool – fast immer kannst du etwas finden, was deine Ausführungen viel lebendiger werden lässt als eine schnöde Beamer-Präsentation. Wähle *merk*würdige Dinge, die das Gehirn der Teilnehmenden als des Merkens würdig empfindet. Unser Gehirn lernt und versteht am besten, wenn diese Dinge wirklich bemerkenswert sind: emotional packend eben.

37 Ungewöhnliche Methoden und Teilnehmer-Aktivierungen – mehr dazu in Kapitel 7 – wecken Neugierde und kreieren Spannung. Alles, was die Zuhörer zu aktiv Teilnehmenden werden lässt, ist gerade online super. Lass sie ein Foto von ihrem Smartphone zeigen, welches mit dem Thema zu tun hat – und sie sollen erklären, wo genau sie den Bezug zum Thema herstellen können. Hierzu gibt es am Markt viele Bücher, Kartensets und Methodentrainings – schau dich einfach mal danach um.

Der Vorteil der Teilnehmer-Aktivierung ist die emotionale Bindung und auch das Sich-mal-selbst-bewegen-Dürfen, welches die Durchblutung anregt.

38 Betreibe Storytelling. Erzähle Geschichten aus deinem Erleben, die das Thema, um welches es gerade gehen soll, so richtig lebendig und praxisnah werden lassen. Mache deine Inhalte erlebbar für deine Teilnehmenden. Achte darauf, dass deine Geschichten zu ihrer Lebens- und Arbeitswelt passen.

Am besten funktioniert das mit selbst erlebten Geschichten, die deine Zuhörenden auf eine packende Reise mitnehmen, die vom Ausgangspunkt in eine Krise führen und am Ende die Hauptperson zum Helden werden lassen. Die Menschen lieben es, mitzufiebern und ein Happy End erwarten zu dürfen.

Bei Krimis gibt es zwei grundlegende Schreibwege, für die sich der Autor entscheiden kann:

Variante A: Du erfährst am Anfang, wer gestorben ist, und der ganze Krimi arbeitet darauf hin, zu entdecken, wer der Mörder war. Du versuchst beim Lesen die Details zu strukturieren, um selbst auf den Mörder zu kommen. Dabei führt dich der Autor gerne mal in die Irre.

Variante B: Eine Handlung rund um eine Hauptperson baut sich auf – doch der Mord passiert erst ganz am Ende, nachdem sich die Handlungsstränge immer mehr verdichtet haben. Hier fieberst du von Beginn an mit, wer und wie viele am Ende wohl werden sterben müssen. Und warum.

Du hast bei deinem Storytelling also die Wahl: erst die schlechten Zahlen nennen und dann erklären, wie es dazu kam. Oder aber erst den Weg zu erklären und am Ende die schlechten Zahlen zu erläutern. Beides kann im richtigen Kontext zielführend sein.

39 Visualisierung ist das größte Geschenk für deine Teilnehmenden. Sie lieben es, wenn du anfängst – gerne herrlich imperfekt – zu zeichnen. Visualisierung ist fürs Gehirn

das Größte, weil unser Bildergehirn deutlich älter ist als unser Wortgehirn. Du hast daher die Aufmerksamkeit sicher, wenn du anfängst, vor der Kamera zu zeichnen, und die Teilnehmenden rätseln, was das wird.

Daher gilt: Erst zeichnen, dann reden – das erhält die Spannung. Dafür kannst du eine Dokumentenkamera nutzen oder dein Smartphone mit einem Stativ von oben auf deine Tischplatte und deine zeichnenden Hände schauen lassen.

40 Sprich Teilnehmende mit ihrem Namen an. Gerade online kannst du Teilnehmende sehr unvermittelt erreichen, weil du ihnen ja gefühlt direkt gegenübersitzt. Sprich deine Teilnehmenden also direkt darauf an, was sie zu eurem Thema schon wissen oder wie sie sich damit fühlen. Dann sind sie direkt bei ihrer Emotion und du kannst darauf aufbauen.

Plattform | Wähle deine Plattform mit Bedacht

Gehört hast du sicher schon von vielen Plattformen. MS Teams, Zoom, Jitsi, GoToMeeting, BigBlueButton, Webex, Edudip, Wonder.me ... und wie sie alle heißen. Doch welche willst du für deine Angebote wirklich nutzen?

41 Datenschutz bewegt die Menschen. Je nach Teilnehmenden ist der Blick auf das Thema Datenschutz sehr wichtig – hier sollten ein paar grundlegende Einstellungen getätigt werden und eine datenschutzkonforme Privacy Policy verfügbar sein. Wir raten dazu, sich von einem Datenschutzbeauftragten eine fundierte Einschätzung dazu geben zu lassen – und sich nach Möglichkeit dauerhaft für eine Plattform zu entscheiden. So kannst du diese immer mehr beherrschen lernen.

42 Eine hohe Benutzerfreundlichkeit (= Usability) entscheidet darüber, wie aktiv deine Teilnehmenden werden können: So selbsterklärend und leicht anwendbar wie möglich sollte sie sein. Das macht es dir leichter, deine Teilnehmenden für die Anwendung zu begeistern und sie am Ball zu halten.

Hier lohnt auch ein Blick auf die angebotenen Features der einzelnen Anbieter – wer viel Aktivierung und Spaß will, mag vermutlich auf Breakout-Räume und allerlei Optionen zu Videofiltern, Hintergründen oder die Einbindung von (Zeichen-) Tablets kaum verzichten. Das können allerdings keineswegs alle Plattformen.

43 Die Stabilität der einzelnen Plattformen unterscheidet sich stark. Doch du brauchst möglichst hohe Zuverlässigkeit, damit deine Online-Veranstaltung auf keinen Fall mittendrin abbricht. Hier sind die größeren Anbieter meist besser aufgestellt als coole Start-ups oder Open-Source-Plattformen.

44 Klar spielt auch der Preis eine Rolle. Beachte dabei auch die Bindungsfristen und Kündigungszeiten. Oft kannst du auch sehr spontan und nur mal für einen Monat eine Option dazubuchen, wenn du sie gerade brauchst – und danach verzichtest du wieder darauf. Du solltest also wissen, was du wirklich willst und brauchst.

45 Müssen deine Teilnehmenden irgendeine Software oder App herunterladen? Dann bist du für viele Nutzer inakzeptabel, weil deren Datenschutz das Herunterladen verbietet. Je nach Zielgruppe solltest du darauf bei der Plattformwahl achten. Manche Plattformen haben auch bevorzugte Browser, mit denen sie gut laufen – auch das lohnt dein Augenmerk.

46 Nutze Testzeiträume, die dir eigentlich alle Anbieter zur Verfügung stellen. Bei vielen gibt es sogar eine dauerhaft kostenfreie Version, die dann allerdings nur eingeschränkte Funktionalität bietet: weniger Teilnehmende, weniger Zeitdauer, weniger aktivierende Features.

Plattform | Was unterscheidet die Plattformen?

Wir haben uns bemüht, eine eigene – ansatzweise nachvollziehbare – Abgrenzung der Angebote zu schaffen, damit für dich verständlich wird, wonach du für dich suchen möchtest. Allem voran sei gesagt, dass nahezu alle Plattformen inzwischen in Sachen Datenschutz angezweifelt wurden und teils massiv nachgebessert haben. Oft lohnt sich also jetzt auch ein zweiter Blick.

➲ Kollaborationsplattformen werden von einem Anbieter kostenpflichtig betrieben. Sie dienen dem vorrangigen Ziel, dass Menschen aus einer Organisation gemeinsam an Projekten und Aufgaben arbeiten können. Das ist supersmart für alle Mitglieder der Organisation. Für Externe wie Trainer und andere Dienstleister ist es hingegen oft sehr tricky, da diese als Gäste der Organisation nur einen eher kleinen Teil der Funktionalitäten nutzen können. Zudem sind hier (noch) weniger interaktive Features im Angebot. Ein Beispiel ist hier MS Teams.

⮑ Kommunikationsplattformen sind ebenfalls kostenpflichtig, da sie von Unternehmen betrieben werden. Hier geht es vorrangig um den sozialen und themenbezogenen Austausch. Diese Plattformen unterstützen gerne viele Funktionalitäten von Umfrage über diverse Arten von Bildschirmteilungen und -präsentationen bis hin zu plattformeigenen Whiteboards und vielen Einstellmöglichkeiten zu Kamera, Ton und Teilnehmeransicht. Hier führen wir Zoom als Beispiel an.

⮑ Event-Plattformen versuchen, das Beste aus den Welten zu verbinden und vor allem eine leichte Nutzbarkeit sicherzustellen. Sie bieten eine stärkere soziale Komponente für Begegnungen und vermitteln in den kostenfreien Basisversionen ein wenig mehr lockeren Freizeitcharakter. Das kann für bestimmte Phasen längerer Workshops oder Events sehr nützlich sein. Als Beispiel ist Wonder.me zu nennen.

⮑ Meetingplattformen sind quasi virtuelle Konferenzräume mit einem stärkeren Business-Charakter. Ihnen fehlt so manche Spielerei, die das soziale Miteinander lebendiger gestaltet. Doch sie holen wirklich auf und erlauben auch zunehmend mehr Interaktivität. Zu dieser Gruppe können wir GoToMeeting oder Webex Meeting zählen.

⮑ Webinarplattformen sind vor allem auf die Durchführung von Webinaren – auch als mobile Anwendung – spezialisiert. Sie arbeiten meist browser-basiert, also ohne zusätzlich erforderliche Installation. Hier gibt es viele Optionen zur Teilnehmer-Aktivierung und auch die Möglichkeit, eigene Verkaufsseiten (= Landing-Pages) einzurichten. Manche Plattform bietet auch einen Marktplatz, um eigene Produkte darüber zu verkaufen.

Edudip next oder Adobe Connect Webinars zählen zu dieser Gruppe.

⮑ Open-Source-Plattformen werden von Programmierern aus aller Welt unentgeltlich programmiert und weiterentwickelt. Das bedeutet, sie kosten nix, können durchaus einiges und entwickeln sich oft rasend schnell. Doch das geht auch schon mal zulasten der Stabilität und der Nutzerfreundlichkeit. Dennoch können sie gerade in Sachen Datenschutz eine sehr gute Alternative sein. Die bekannteste Open-Source-Plattform dürfte hier BigBlueButton sein.

4.

Online wirken heißt mit bewusster Persönlichkeit überzeugen

Online wie offline bist du der wichtigste Erfolgsfaktor deiner Events. Das bedeutet aber nicht, dass du immer im Mittelpunkt stehen musst oder solltest. Viele Online-Veranstaltungen werden im Gegenteil erst so richtig lebendig, wenn du als Moderator den Teilnehmenden die Bühne überlässt.

Mit dir als Persönlichkeit, mit deiner Ausstrahlung, deiner Wirkung und deiner Art, die Teilnehmenden als Menschen zu erreichen, zu berühren und ihnen Sicherheit zu geben, steht und fällt also der Erfolg deiner Veranstaltungen. Voraussetzung dafür ist, dass du dich optimal vorbereitest. Dazu gehört, dass du dir darüber klar bist, wie sehr deine körperliche und seelische Verfassung, deine innere Haltung den Teilnehmenden gegenüber, deine Stimme und dein Outfit auf die Teilnehmenden wirken. Nachfolgend sind die wichtigsten Punkte, die dich unterstützen, in deinen Online-Events positiv und inspirierend zu wirken.

Persönlichkeit | Bereite dich optimal vor

Die Vorbereitung deines Events findet keineswegs erst dreißig Minuten vor dem Event statt. Ganz abgesehen von deinem Design, das wir in Kapitel 5 behandeln, ist es wichtig, dass du als Mensch dich auch mental optimal vorbereitest.

Persönlichkeit | Sei die beste Version deiner selbst

Dein Körper, dein Geist und dein seelisches Gleichgewicht sollten auf deine Moderation vorbereitet sein, damit du dich einhundertprozentig auf deine Teilnehmenden konzentrieren kannst. Als Moderator trägst du Verantwortung für die Atmosphäre und die Ergebnisse deiner Veranstaltung. Sei also die beste Version deiner selbst.

47 Körper- und Seelenhygiene spielen eine wichtige Rolle. Sorge für dich. Immer. Achte besonders vor deinen Veranstaltungen darauf, dass du ausgeschlafen und gut gelaunt im Meeting erscheinst, damit dein Körper und dein Geist gesund und im Gleichgewicht sind. Was auch immer du brauchst, um deinen Körper und deinen Geist gesund und ins Gleichgewicht zu bringen: Mache es! Versuche die Dinge, die dir auf der Seele liegen, vorher zu bereinigen oder tu dir etwas Gutes. Andernfalls wirst du von dir selbst und deinen Unpässlichkeiten abgelenkt sein. Deine Teilnehmer spüren genau, wie es dir geht – auch und besonders vor der Webcam.

48 Nimm dir Zeit für deine positive Einstimmung. Spüre in dich hinein und stell dir vor, was dir bevorsteht. Lass die positivste Version dessen, was passieren wird, vor deinem geistigen Auge ablaufen. Stell dir die Teilnehmenden vor, wie sie engagiert mitmachen und wie begeistert sie vom Ergebnis sein werden. Allein das verändert deine Ausstrahlung.

49 Plane für die Vorbereitung Zeitfenster ein. Ganz strategisch. In deinem Kalender. Wenn du keine Zeit dafür hast oder dir nehmen willst, mach kein Meeting oder übertrage die Verantwortung dafür jemand anderem und vergeude auf keinen Fall die Zeit deiner Teilnehmenden.

50 Habe alles parat liegen. Lege unmittelbar vor der Veranstaltung alle Präsentationen und benötigten Links auf deinem Rechner an einem leicht auffindbaren Ort ab. Am besten griffbereit in einer Datei oder auf dem Desktop. Lade sie schon vor Ankunft der Teilnehmenden in deinem Chat hoch. Sie sind dann nur für dich sichtbar und du kannst sie bei Bedarf dann von dort nochmal kopieren und den Teilnehmenden im Chat zur Verfügung stellen. Mach dir sicherheitshalber ein Back-up aller Links und Dateien auf einem Stick oder in einer Cloud.

51 Mache einen Technik-Check, denn wenn Licht, Kamera und Hintergrund stimmen und mögliche Utensilien griffbereit sind, gibt dir das Sicherheit. Und die strahlst du aus.

52 Sorge für Wachheit und Konzentration, indem du dir viel Wasser bereitstellst. Trinken hält wach und konzentriert. Wenn du sitzt, bewege beispielsweise deine Füße und Beine ganz unbemerkt unter dem Tisch. Habe vielleicht einen Knautschball in der Nähe, den du zwischendurch malträtieren kannst. Ermuntere auch deine Teilnehmer dazu, sich viel zu bewegen. Entweder in anmoderierten Bewegungsübungen oder wie du – unbemerkt unter dem Tisch.

53 Halte äußere Störungen fern. Informiere Menschen – ob Kollegen oder persönliches Umfeld – die in dein Online-Meeting platzen könnten vorab über die Dauer deines Meetings. Häng dazu ein Schild an deine Tür oder stell eines auf deinen Tisch, dass – und bis wann – du im Online-Meeting bist und ungestört bleiben möchtest. Im Netz findest du auch diese schicken »professionellen« Leuchtschilder zu kaufen – mit Stecker oder auch mit USB-Anschluss –, die an die »On Air«-Lampen in Fernsehstudios erinnern.

54 Das Lampenfieber-Wunder heißt ›Atmen‹. Solltest du vor dem Event Lampenfieber haben, so wirken einfache Atemübungen Wunder. Schließe die Augen und atme tief ein und aus. Zähle beim langsamen Ein- und Ausatmen jeweils bis vier. Lass ganz willkürlich ein positives Gefühl in deiner Herzgegend auftauchen – das kannst du – und lass es sich in deinem Körper ausbreiten. Mache diese Übung mindestens fünf, besser noch zehn Minuten. Achte vor allem darauf, möglichst tief aus-

Du kannst dir den Türhänger gerne hier herunterladen:
https://www.visutrainment.de/goodies/tuerhaenger/

zuatmen. Wenn wir nervös sind, atmen wir oft nur oberflächlich und eher »klein«. Das tiefe Ausatmen gibt dir dein volles Lungenvolumen und eine angenehm tiefere Stimme zurück.

Mindset, Haltung und Werte – die Zutaten zu deinem Charisma

Deine Ausstrahlung wirkt. Mach dir vor jedem Event klar, dass du es mit Menschen zu tun hast, die wahrnehmen, wer du bist und was du denkst. Menschen können auch und manchmal gerade im digitalen Raum spüren, wie du zu ihnen stehst, und wie Seismografen wahrnehmen, wie du tickst. Ja, auch – und besonders – online. Du bist über die Kamera meist sehr nah zu sehen und jedes Zucken deiner Gesichtsmuskeln ist erkennbar. So wird mehr von dir und deinem Unterbewusstem sichtbar als in manchem realen Meeting. Daher solltest du dich immer vorbereiten. So gehst du vor:

Mindset | Du bist der Leitstern deiner Events

55 Sei dir darüber bewusst, dass du deinen Selbst-Wert ausstrahlst. Deine Haltung dir selbst gegenüber ist das Salz in der Suppe. Wenn du dir und deiner Kompetenz vertraust, tun es auch deine Teilnehmenden. Falls du noch Bestätigung brauchst: übe, übe, übe – mit Freunden und Kollegen.

56 Einfühlungsvermögen lässt dich spüren, dass dir fühlende, lebendige Menschen gegenübersitzen – nicht eine Galerie von bewegten Video-Clips. Anders als Schauspieler im Kino und im Fernsehen sind sie im virtuellen Raum berühr-

und erreichbar. Sie sind verletzbar und emotional. Hast du nicht auch schon mal im Kino in einem Liebesfilm geweint oder hattest eine Gänsehaut bei einem Thriller? Und da waren es tatsächlich nur bewegte Bilder. Was du sagst oder tust ... zeigt online Wirkung. Beobachte deine Teilnehmenden und geh auf sie ein.

57 Love it, change it or leave it. Du musst deine Teilnehmenden nicht lieben. Du solltest sie allerdings mögen. Eine wertschätzende, freundliche Einstellung ist Grundvoraussetzung. Wenn dir das unmöglich erscheint, gib die Moderation an jemand anderen ab. Sonst wirst du möglicherweise böse Überraschungen erleben, denn dir wird deine eigene Einstellung seitens der Teilnehmenden entgegenschlagen. »Wie du in den Wald hineinrufst, ...«

58 Moderiere mit einer WERT-vollen Haltung. Respekt, Wertschätzung, Anerkennung und Vertrauen in die Teilnehmenden sind die wichtigsten Werte, die einer gelingenden Moderation zugrunde liegen.

59 Sei vorbereitet auf schwierige Teilnehmende. Auch sie wollen dir – in den meisten Fällen zumindest – etwas Wertvolles vermitteln. Sei offen und vertraue darauf, dass auch diese Teilnehmenden einen wertvollen Beitrag leisten und ihr Bestes geben. Höre hin, wertschätze sie und du wirst sie für dich gewinnen und die Goldnuggets in ihrem Beitrag erkennen. Falls du tatsächlich einen rüden Störer unter den Teilnehmenden hast, der einfach nur im Widerstand ist, traue dich, ihn mit Respekt und Einfühlungsvermögen aus dem Meeting auszuschließen – ebenso wie du es in einem Präsenzmeeting machen würdest. Die anderen Teilnehmenden werden es dir danken.

60 Habe zu jeder Zeit dein Ziel klar vor Augen und frage dich schon bei der Vorbereitung: Was ist der Sinn und Zweck dieses Events? Was wollen wir gemeinsam erreichen? Wie sollen die Teilnehmenden sich danach fühlen?

Moderiere mit diesem Bewusstsein. Sei jedoch immer bereit, einen Plan B zu haben, wenn eine zwischenmenschliche Störung auftritt. Die geht immer vor. Unbeachtete Emotionen sind der Sprengstoff, der jede Veranstaltung zum Explodieren bringen kann.

61 Achte auf die Bedürfnisse deiner Teilnehmenden und frage zwischendurch nach, ob sie eine Pause brauchen, Bewegung oder mehr Information zum Thema. Gehe darauf ein, wenn es das ist, was die meisten sich wünschen. Erfülle die Bedürfnisse Einzelner nur, wenn es den Flow deiner Veranstaltung ungestört lässt und die anderen Teilnehmenden einverstanden sind.

62 Achte strikt auf die Einhaltung deiner Regeln, die du für dein Online-Event aufstellst. Dein Umgang mit ihnen hilft den Teilnehmenden, sich sicher zu fühlen. Gewähre den Teilnehmenden maximale Freiheit und Wahlmöglichkeit. Achte jedoch darauf, dass die Regeln, die das ermöglichen, von allen eingehalten werden, und fordere es auch ein. Respektvoll und doch eindeutig.

63 Sei offen für Feedback. Sei bereit, Feedback einzuholen und es anzunehmen. Themen dafür könnten sein: Sind deine Stimme und dein Ton angemessen? Wie wirkt dein Hintergrund? Lenkt er ab oder wirkt er beruhigend oder inspirierend?

Wie wird die Präsentation empfunden? Sind die Teilnehmenden angeregt oder werden sie langsam müde?

Indem du sie einbindest, kannst du deinen Teilnehmenden das wohltuende Gefühl vermitteln, dass sie ihren Anteil zum Erfolg des Online-Events beigetragen haben. Ein gutes Gefühl.

Deine Stimme | Der Wert deiner Stimme für deinen Erfolg

Deine Stimme ist ein wichtiges Werkzeug für deine Online-Events. Wie du klingst, beeinflusst, wie du von deinen Teilnehmenden wahrgenommen wirst. Deine Stimme ist ein wichtiger Aspekt deiner Persönlichkeit und deiner Wirkung. Eine angenehme, laute und klare Stimme strahlt Sicherheit und Kompetenz aus. Deine Teilnehmenden hören ihr gern zu. Ein gutes Mikrofon ist also ein Muss.

Allerdings können dein Mikro noch so hochwertig, deine Inhalte noch so inspirierend, deine Vorgehensweisen noch so mitreißend sein: Wenn deine Stimme zittrig oder kratzig, zu schrill oder zu leise ist, schalten die Teilnehmenden ab. Ganz besonders die mit einem empfindlichen Gehör. Du hast sie verloren. Das Online-Event wird zur Qual.

Deine Stimme | Sie ist ein wichtiger Teil deiner Überzeugungskraft

Um sicherzugehen, dass deine Stimme wohltuend klingt, braucht sie deine Aufmerksamkeit in Form von Stimmübungen. Finde durch das Feedback von Freunden und Kollegen heraus, wie deine Stimme wirkt, und mach dich stimmlich fit.

64 Reguliere deine Lautstärke. Wenn du zu laut oder zu schrill sprichst und es nicht am Mikro liegt, kann es an deiner Aufregung liegen. Bist du entspannt, klingst du automatisch angenehmer. Dann nutzt du mit deiner Stimme deine natürlichen Resonanzräume: deinen Kopf oder deine Brust.

65 Arbeite an deiner angenehmen Stimme. Wir alle empfinden tiefere Stimmen als angenehmer und souveräner. Selbst wenn du von Natur aus eine eher hohe Stimme hast, kannst du mit gutem Stimmtraining daran viel verändern. Stimme ist kein Schicksal.

66 Achte auf dein Sprechtempo. Zu schnelles Sprechen ohne Punkt und Komma wirkt auf viele ermüdend. Es schreckt vor allem Teilnehmende ab, die deine Worte nachempfinden müssen. Sie können dir nur folgen, wenn sie das Gesagte emotional »verarbeiten«, also nachempfinden können.

67 Gönne den Menschen Pausen. Die meisten Menschen können dir mit längeren Pausen besser folgen, weil das Gehirn die gesagten Gedanken besser verarbeiten kann. Du selbst gewinnst mehr Zeit zum Atmen, wodurch du auch wieder angenehmer klingst. Selbst wenn es dir am Anfang komisch vorkommt: Halte nach jedem Satz eine Pause aus. Vor jedem neuen Thema oder Gedanken sogar eine größere Pause. Zähle zwischen jedem Satz schweigend bis drei. Langsam. Auch wenn dir das wie eine Ewigkeit vorkommt: Das ist genau richtig. Deine Teilnehmenden werden es dir danken.

68 Ohne Modulation, also ohne Kraft und Betonung in deiner Stimme, klingst du schnell wie eine Schlaftablette. Du kennst solche Menschen: sie leiern ihren Text herunter und wirken völlig lustlos. Sie sprechen ganze Sätze völlig ohne Modulation, ohne Varianz in ihrer Stimme. So sind deine Teilnehmenden blitzschnell genervt oder schalten ab. Hier gilt es entweder an deinem Selbstrespekt zu arbeiten – denn Unsicherheit führt zu diesem Phänomen – oder an deiner Leidenschaft für das Thema. Oder an deiner Konstitution – also daran, dich und deinen Körper insgesamt zu stärken.

69 Vermeide Nuscheln und andere Ablenkungsfaktoren. Nuscheln wirkt abschreckend, weil einige Menschen dich dann kaum verstehen oder es anstrengend ist, dir zuzuhören. Wenn du einen starken Dialekt sprichst, wirkt das auf deine Landsleute vertrauenerweckend – für alle anderen ist es hingegen schwierig, dir zu folgen. Also: Stell dich auf deine Teilnehmenden ein – doch ohne dich dabei selbst zu verbiegen. Eine leichte Akzeptfärbung kann durchaus sehr charmant wirken.

Das Motto »Obenrum schön« wurde 2018 auf der Podcasthelden-Konferenz von Webverbesserin Mira Giesen geprägt. Biete deinen Teilnehmenden ein angenehmes Bild in der Kamera – mit Kragen, Schal, Kette oder anderen – gerne kräftig farbigen – Accessoires.

70 Wärme deine Stimme mit Aufwärmübungen auf. Im Internet findest du eine Vielzahl solcher Übungen für deine Stimme. Lippen-Flattern, Zungenbrecher sprechen, Summtöne im Brustraum entstehen lassen, Gähnen, Körperübungen zum Ankurbeln der Energie und ein Tee vor dem Event machen einen großen Unterschied. Vor allem das vorher im Text schon erwähnte tiefe Ausatmen ist hier zielführend.

Obenrum schön – dein Erscheinungsbild

Stell dir vor, du sitzt in einem Online-Meeting und die Moderatorin trägt ein gewagtes Dekolleté. Oder der Business-Berater sitzt da mit verknittertem Krawattenknoten – also diesem typischen Ich-binde-meinen-Schlips-doch-nicht-jeden-Morgen-Knitter.

Oder mit kurzärmligem T-Shirt – gerne auch flattrig und ausgeleiert. In derselben Farbe wie der Hintergrund, vor dem er so völlig verschwindet. Wie wirkt das? Siehst du!

Obenrum schön | So kommst du gut an

Du weißt vermutlich genau, was du anziehst und wie du dich stylst, wenn du zu deinen Live-Meetings gehst. Für Online-Veranstaltungen gelten andere Regeln. Mit den folgenden Tipps wirst du auch vor der Kamera gut ankommen.

71 Wähle Farben kameraorientiert und bewusst aus. Zeige Farbe vor der Webcam – das unterstreicht deine professionelle Wirkung. Licht und Kameralinse schlucken viel Farbe, daher darf es hier einfach etwas mehr sein. Du kannst deine Unternehmensfarben beim Hintergrund, bei deinen Accessoires oder bei deiner Kleidung einsetzen.

Das klappt auch als Mann. Ein Schal zu einem kragenlosen T-Shirt wirkt weit ansprechender – und auch Männer verschwinden in weißem Shirt vor weißer Wand. Kragenlos sieht bei Männern immer etwas nackt aus. Profis haben daher stets einen farbigen Schal oder ein Tuch zur Hand. Und auch Frauen mit größerem Ausschnitt tun gut daran, mit einer Kette oder einem Tuch ein angenehmeres Bild vor die Kamera zu bringen.

72 T-Shirts mit Aufdruck sind dein Stil? Bitte achte darauf, dass der Aufdruck – sofern er in der Kamera zu sehen sein wird – niemandem zu nahe tritt. In Businessmeetings sind einige Dinge – beispielsweise vermeintlich coole Sprüche – einfach fehl am Platz.

PS: Was für dein T-Shirt gilt, gilt übrigens auch für Sprüche auf der Tasse, die du in Online-Veranstaltungen benutzt …

73 Wer ist dein Gegenüber? Pass dich in deinem Kleidungsstil deiner Zielgruppe an. Wenn du mit einem Führungsteam einer Bank arbeitest oder mit einer Abteilung von jungen Wilden, wirst du dich unterschiedlich kleiden. Sei gerne ein kleines bisschen besser gekleidet, als du es von den anderen erwartest – doch keineswegs zu edel oder übertrieben. Du weißt schon, was wir meinen.

74 Vermeide Kleinkariertes. Vor der Kamera gelten kleine Muster als No-Go, da sie ein Flimmern – den sogenannten Moiré-Effekt – verursachen. Deshalb verzichte vor der Webcam auf kleine Muster. Wähle besser ein unifarbenes Outfit oder eines mit dezenten oder großformatigeren Mustern. Lass Fischgrätmuster, winzige Karos, schmale Streifen und Pepita einfach besser im Schrank.

75 Bitte verwende Puder! Wenn wir schwitzen – was vor großen Lampen und mit einer gehörigen Portion Nervosität schon mal vorkommen soll –, dann fangen wir alle auf der Stirn, der Nase und am Kinn an zu glänzen. Mit deinen Inhalten zu glänzen ist wunderbar, doch auf Nase, Stirn und Kinn? Diese Bereiche verwandeln sich am Bildschirm schnell in große, unangenehm anzuschauende Glanzflächen. Daher gilt, auch für die Herren: immer mattierenden Puder benutzen, bevor du vor die Kamera trittst. Als Frau wirkst du noch besser, wenn du deine Augen mit Mascara betonst und einen – gerne auch kräftig farbigen – Lippenstift benutzt. Bedenke immer: die Teilnehmenden sehen dir direkt in dein Gesicht.

76 Accessoires betonen deinen Stil. In dem eher kleinen Ausschnitt, den die Kamera im Sitzen von dir zeigt, kannst du mit wenigen Accessoires deinen Stil zeigen. Vor der Kamera wirken Details stärker. Es genügt also ein besonders schönes Teil. Ohrringe, Kette, Brosche, ein schönes Seidentuch. Die Kunst dabei: alles andere möglichst schlicht zu belassen. Armbänder oder längere Ketten besser weglassen, da sie klimpern oder klappern können.

77 Verwende ein Brillenputztuch. Wer keine Brille trägt, der putzt damit vor Meetingbeginn schnell mal über die Linse seiner Webcam. Gerade Laptop-Kameras sind sehr oft verschmutzt, weil wir beim Öffnen mit dem Finger darauf landen und sich Staub dort festsetzt.

Brillenträger reinigen damit zudem bitte ihre Sehhilfe – denn Fettspuren und Staub auf ungeputzten Gläsern sehen aufgrund der Nähe vor der Kamera wirklich leicht fies aus. Ein sauberes Brillenputztuch ist der beste Freund der Online-Welt.

78 Apropos obenrum schön: Wenn du dich bei Präsentationen noch unsicher fühlst, kann es dir sehr helfen, wenn du dich komplett korrekt – also auch untenrum schön – kleidest, bevor du vor die Kamera trittst. Denn Kleidung wirkt positiv auf dein Wohlbefinden und stärkt dein Selbstbewusstsein.

5.

Online-Moderation
Wie du überzeugst:
mit Sicherheit!

In der Moderation virtueller Zusammenkünfte geht es um Besprechungen, Verhandlungen, Abstimmungen, um Workshops, Trainings und vieles mehr. Die Moderation dieser Veranstaltungen hat wenig mit der Moderation von Talkshows und Ähnlichem zu tun, in denen es um Unterhaltung, Show, Gags und Entspannung für die Zuschauer geht. Hier geht es vielmehr darum, die Teilnehmenden – wie in der vergleichbaren Präsenzveranstaltung – souverän und sicher durch deine Agenda zu führen. Dazu müssen Online-Events allerdings detaillierter und genauer geplant werden. Das kostet zwar mehr Zeit als die Vorbereitung eines Präsenzformats, aber ein gut durchdachter, erspürter und durchfühlter Ablaufplan gibt dir Sicherheit und die nötige Ruhe.

Moderation | Ablaufplan (= Design) und Didaktik

Bevor du anfängst, kläre für dich: 1. Was ist Sinn und Zweck dieser Veranstaltung? 2. Welches Ziel will ich für oder mit meinen Teilnehmenden erreichen? 3. Wie viel wissen meine Teilnehmer schon zum Thema? 4. Reicht die geplante Zeit für die Erreichung meiner Ziele aus?

Richte jede Phase deiner Veranstaltung an diesen Kriterien aus. Wenn die Zeit knapp scheint, kannst du entweder Ziele streichen oder dich für die Verlängerung der verfügbaren Zeit einsetzen. Sofern du unter Zeitdruck arbeitest, wirst du dich wie in deinen Präsenzveranstaltungen mit weniger guten Ergebnissen abfinden müssen.

Fast jede Online-Veranstaltung besteht im Wesentlichen aus vier Phasen: Einladung der Teilnehmer, Ankommen, Hauptteil und Abschluss. Je nach Thema kann es sinnvoll sein, ein Follow-up – also Folgeveranstaltungen oder Angebote – schon zusammen mit der ersten Veranstaltung zu konzipieren.

Es macht einen Unterschied, ob du es mit dir bekannten Teilnehmenden zu tun hast, welche die Plattform schon kennen, oder mit neuen Teilnehmenden, deren Online-Kenntnisse begrenzt sind und die du nicht einschätzen kannst. Sie brauchen zu Beginn generell mehr Informationen und eine einfühlsamere Einführung.

Moderation| Einladung als gute Vorbereitung

Die Einladung schafft den ersten Eindruck, den deine Veranstaltung auf die Teilnehmenden macht. Mit der Einladung hast du die Chance, das Klima und das Gelingen deiner Veranstaltung positiv zu steuern. Je nach Zielgruppe gilt es, mehr oder weniger Informationen in die Einladung zu schreiben, um damit das zu vermitteln, was Teilnehmer brauchen: Klarheit und Sicherheit.

Teilnehmende, die dich und deine Arbeit schon kennen, wünschen sich Informationen zu Sinn und Zweck der Veranstaltung, zum Thema, zu den (Pausen-)Zeiten und zum erwarteten Ergebnis. Da du die Einladung vermutlich per E-Mail versendest, kannst du je nach Thema schon Informationen, Arbeitsblätter, Vorlagen und Links mitsenden, damit sie sich vorbereiten können.

80 Neuen Teilnehmenden, von denen du nicht weißt, wie gut sie mit deiner Online-Plattform umgehen können, solltest du grundlegende Informationen zu deiner gewählten Online-Plattform mitsenden. Kurze Tutorials oder Screenshots können ihnen das Ankommen im virtuellen Raum erleichtern und Sicherheit geben. Zeige dich als Person schon hier nahbar, indem du Links zu Website, Videos oder deinen Social-Media-Kanälen mitsendest.

Moderation| Ankommen – lass es langsam angehen

Das Gelingen dieser ersten Phase wirkt sich auf die Atmosphäre deiner gesamten Veranstaltung aus. Je komplexer das Thema, je schwieriger die Teilnehmenden, desto wichtiger ist diese Phase. Erste Übungen bewirken, dass alles Folgende einfacher und schneller funktioniert, da Offenheit und Lebendigkeit getriggert wurden. Mit drei Schritten kannst du die Teilnehmenden »abholen« und ihnen ein Gefühl von Sicherheit vermitteln:

81 Gestalte das erste Ankommen im Raum locker und informell. Sorge dafür, dass die Teilnehmenden sich willkommen fühlen. Begrüße sie freundlich und nutze die ersten Minuten für lockeren Small-Talk. Vermittle Sicherheit: Gib erste

Hinweise zu den gemeinsamen Regeln. Erkläre, wie sie den Chat benutzen können, ihr Mikro leise stellen, die Kamera einrichten oder wie sie sich zu Wort melden können, ob geduzt oder gesiezt wird. Erkläre bei Bedarf die wichtigsten Nutzeroptionen der Online-Plattform.

82 Mit einer Warm-up-Übung holst du sie mit allen Sinnen in den Raum. Schicke die Teilnehmenden – je nach Größe der Gruppe – mit einer kleinen Aufwärmübung in Zweiergruppen (oder größer) für zehn bis zwanzig Minuten in Breakout-Räume, sofern deine Plattform diese anbietet. Wichtig ist, dass du den Teilnehmenden genau erklärst, was jetzt gleich passieren wird und was sie selbst tun können oder sollten – wir können keineswegs die Funktion der Breakout-Rooms bei allen als bekannt voraussetzen.

Starte mit einer Assoziationsübung oder Frage, die mit deinem Thema zu tun hat. Lass die Menschen sich austauschen und einander (besser) kennenlernen. Danach dürfen sie ihre jeweiligen Partner im Hauptraum vorstellen. Diese Übung wirkt Wunder:

die Teilnehmenden sind hellwach und offener, da die aktive Aufgabe ihre Kreativität, Aufmerksamkeit und Lebendigkeit weckt.

Bei weniger Zeit reicht eine Ankommensrunde. Stelle eine interessante Frage zum Thema und gib jedem Teilnehmenden die Möglichkeit, eigene Assoziationen dazu zu nennen. Ein Beispiel: »Denken Sie an ein Tier. Wie würde dieses Tier in unserer jetzigen Situation handeln?«

83 Nimm Hoffnungen und Befürchtungen ernst. Schicke die Teilnehmenden in Dreier- bis Fünfer-Gruppen für zehn bis fünfzehn Minuten in die Breakout-Räume. Lass sie ihre Hoffnungen und Befürchtungen in Bezug auf diese Veranstaltung sammeln. Danach präsentieren die Gruppen ihre Ergebnisse im Hauptraum. Hier hast du die Gelegenheit, direkt darauf zu reagieren. Du kannst Hoffnungen bestärken, Befürchtungen ausräumen oder sie darauf vorbereiten, dass sie eintreffen werden. Damit können Menschen umgehen. Du kannst den Teilnehmenden Verantwortung dafür übergeben, selbst zum Gelingen der Veranstaltung beizutragen. Du kannst sie beispielsweise bitten, selbst dazu beizutragen, dass keine Langeweile aufkommt, indem sie sich melden, wenn sie bemerken, dass sie abschalten. Oder sich sofort zu melden, wenn sie etwas nicht verstehen oder anders sehen.

Bei großen Gruppen, für die diese Übung zu umfangreich werden würde, gib den Teilnehmenden die Gelegenheit, ihre Hoffnungen und Befürchtungen in den Chat zu schreiben – und gehe dann kurz darauf ein.

84 Für Online-Veranstaltungen gibt es inzwischen auch eine Menge witziger Kartensets zum In-die-Kamera-Halten, um auf gewisse Dinge wie beispielsweise noch verfügbare Rest-Redezeit oder den Bedarf nach einer Pause online leise aufmerksam zu machen:

Bitte ändere deinen Namen

Ich brauche eine Pause

Bitte den Chat benutzen

Rote Karte

Ich höre dich nur leise

Bitte das Mikrofon ausschalten

Dafür gibt es im Internet eine Menge unterschiedlichster Versionen – teils als Karten zum Kauf oder auch zum Download. Du kannst dir das auch selber gestalten (lassen) und deinen Teilnehmenden vorab zum Ausdruck zusenden oder gleich für dein Unternehmen ein eigenes Kartenset drucken lassen und als Präsent vorab verschicken. So bleibst du länger in den Köpfen und Herzen der Teilnehmenden präsent.

85 Sobald du deine Online-Veranstaltung aufnehmen willst, brauchst du unbedingt die Zustimmung deiner Teilnehmenden. Entsprechend der DSGVO (= Datenschutz-Grundverordnung) sollte dir diese – juristisch einwandfrei – in Schriftform vorliegen. Ehrlich: Das ist unglaublich fern der Realität. Oft genug bitten Teilnehmende zu Beginn oder auch erst mitten im Meeting darum, doch aufzuzeichnen – dann kannst du keine schriftliche Einwilligung mehr einholen.

Auch wenn es selbstverständlich juristisch strittig ist, so ist ein möglicher Weg, bei der Bitte um Aufnahme zu fragen, ob alle damit einverstanden sind. Dann sollen alle den hochgereckten Daumen in die Kamera halten. Du fertigst davon einen Screenshot, den du dir aufbewahrst.

Wichtig: Zudem bittest du die Teilnehmenden, sofern sie keine Aufnahme wünschen, dir via Privatnachricht im Chat »Ich widerspreche einer Aufnahme« oder kurz »Nein« zu schreiben. So unterliegt keiner dem öffentlichen Gruppendruck – sie können also im Foto den Daumen auch hochgereckt haben. Sobald ein »Nein« im Chat erscheint, sprichst du das gegenüber der Gruppe offen an – natürlich ohne einen Namen zu nennen – und verzichtest selbstverständlich auf die Aufnahme.

Moderation| Hauptteil – du bist kein Alleinunterhalter

Menschen können zwar im Kino oder vor dem Fernseher stillsitzen und konzentriert dabeibleiben. Dort bekommen sie meist mitreißende oder berührende Unterhaltung geboten. Wenn du jedoch keine Unterhaltungsshow machen möchtest und weder Schauspieler noch Alleinunterhalter oder Komiker bist, kannst du unter Beachtung folgender Impulse wirkungsvoll online arbeiten:

➲ Gestalte die Veranstaltung interaktiv, konstruktiv, situativ belebend und als einen Prozess, zu dem jeder und jede selbst beitragen kann.

➲ Stelle die Aktivität der Teilnehmenden in den Mittelpunkt – nicht dein Moderationstalent!

➲ Präsentationen sollten nie länger als zehn Minuten dauern, ohne dass Abwechslung durch Wechsel der Medien, der Kameraposition oder eine Aktivierung stattfindet.

➲ Vermittle Inhalte überwiegend durch interaktive Übungen in unterschiedlichen Gruppengrößen. Menschen verstehen und lernen viel besser, wenn sie sich Neues durch Ausprobieren oder lebendige Interaktion selbst erarbeiten oder gegenseitig beibringen.

➲ Setze auf Aktivierungsübungen (siehe Kapitel 7), damit deine Teilnehmenden mit Kopf und Körper anwesend und wach sind – statt nur ihre Augen, Ohren und ihren Verstand zu nutzen.

➲ Biete Einzelarbeitsaufgaben an, die bei ausgeschalteter Kamera und stummgeschaltetem Mikrofon stattfinden, wenn du Veranstaltungen über einen oder mehrere Tage moderierst.

➲ Sammle Erkenntnisse, die in den Breakout-Räumen oder in Einzelarbeit entstanden sind, später gemeinsam mit allen im Plenum.

⊃ Gib erfahreneren Teilnehmenden gerne auch mal Links zu Online-Whiteboards wie beispielsweise Miro, Mural, Conceptboard, GoogleDrive und anderen, auf denen sie ihre Ergebnisse zusammentragen können.

⊃ Baue nach maximal neunzig Minuten längere Pausen ein. In Online-Veranstaltungen brauchen Menschen mehr Pausen als in Präsenzveranstaltungen – denn im Homeoffice wollen Hund, Katze, Kinder und Partner versorgt werden und das Essen ist auch keineswegs servierfertig. Frage zwischendurch nach und beobachte, wie es den Teilnehmern geht und ob sie weitere Pausen brauchen. Es ist niemandem damit gedient, wenn die Teilnehmer dir wegen Ermüdung nicht mehr folgen können. Hier gilt es oft, Überzeugungsarbeit bei internen und externen Auftraggebern zu leisten, dass Pausen doppelt so lang wie bei Präsenzveranstaltungen ausfallen sollten.

Moderation| Abschluss – Ende gut, alles gut

Ein gelungener Abschluss rundet die Veranstaltung ab. Lasse deine Teilnehmenden am Ende der Veranstaltung noch einmal zu Wort kommen.

86 Bedanke dich, erkenne die Teilnehmenden noch einmal wertschätzend an und verabschiede dich mit einem offenen Lächeln. Falls es ein Follow-up gibt, nenne es hier und liefere hierzu die nötigen Informationen.

87 In der folgenden Abschlussrunde kannst du die Teilnehmenden darum bitten, ihre Erfahrungen und Erlebnisse Revue passieren zu lassen und der Gruppe auf Wunsch mitzuteilen und damit zu verinnerlichen. Gib ihnen maximale Freiheit zu entscheiden, was sie sagen möchten und was bei ih-

nen bleiben soll. In diesem Moment können sie an ihre Hoffnungen und Befürchtungen erinnert werden und feststellen, dass Hoffnungen erfüllt wurden und Befürchtungen nicht eingetroffen sind. In dieser Abschlussrunde haben sie die Gelegenheit, die Veranstaltung für sich abzurunden.

88 Wenn es Auftraggebende gibt – du also die verantwortliche Rolle des Moderators hattest –, überlässt du den Veranstaltenden das letzte Wort. Das ist eine Frage des angemessenen Respekts.

Moderation| Follow-up

Manche Veranstaltungen sind Teile einer Veranstaltungsserie oder Planungsmeetings, aus denen sich eine ungewisse Anzahl an Folgemeetings ergeben kann.

89 Für eine Serie von Online-Events, plane alle Termine bereits vor Beginn der ersten Veranstaltung und gib sie bekannt. So gibst du den Teilnehmenden bereits vorab (Planungs)-Sicherheit.

90 Auch Planungsmeetings ziehen meist weitere Meetings nach sich. Das können auch unvorhersehbar viele Follow-up-Meetings und Maßnahmen sein. Plane zumindest erste Follow-up-Meetings bereits vor der ersten Veranstaltung, so dass du erste Folgetermine direkt am Ende bekannt geben kannst.

Moderation | Komponiere dein Veranstaltungs-Design

Im Folgenden findest du nochmal komprimiert alle möglichen Design-Elemente und Tipps, die du zur Gestaltung lebendiger, wirkungsvoller Online-Veranstaltungen brauchst:

⮑ Biete immer eine Ankommens-Übung an. Sie wirkt wie das Öl im Getriebe. Je nach Gruppengröße und Zeitfenster kannst du sie variieren.

⮑ Fühle dich in deine Teilnehmenden hinein: Ein gutes Design gibt dir Sicherheit und damit eine souveräne Ausstrahlung. Versetze dich bei jedem Schritt deines Designs in deine Teilnehmenden. Spüre dich hinein in die Wirkung der einzelnen Sequenzen und ihrer Abfolge. Komponiere dein Design wie ein Musikstück. Die Noten sind dein Mix an Content, die Musik ist die Wirkung, die Empfindungen, die du bei deinen Teilnehmern erzeugst. Eine Online-Veranstaltung hat weit mehr Sequenzen als eine

Präsenzveranstaltungen, weil du mit mehr Abwechslung und Aktivierungen der Anstrengung entgegenwirken musst, die das Auf-den-Bildschirm-Sehen erzeugt.

⮑ Plane kurze Sequenzen und mehr Pausen, da die Aufmerksamkeit der Teilnehmenden vor dem Bildschirm schwerer zu halten ist. Wechsle nach spätestens sieben bis zehn Minuten einseitigem Input die Methode und beziehe die Teilnehmenden wieder ein: Starte eine Interaktion, eine Umfrage oder beantworte Fragen. Interaktive Aufgaben, die in Breakouträumen stattfinden, in denen die Teilnehmenden miteinander sprechen oder arbeiten, können auch fünfundzwanzig Minuten und länger dauern.

⮑ Keep it simple. Bevor du weitere Software oder Apps einplanst bedenke, dass deine Teilnehmenden vielleicht weniger erfahren sind und so leicht überfordert werden. Weniger ist hier oft mehr. Wenn du eine weitere Aktivierungssoftware einsetzen willst, solltest du sie selbst sehr gut beherrschen und den Teilnehmenden die Benutzung auf den Punkt erklären können. Je mehr Technik die Teilnehmer bedienen müssen, desto weniger können sie sich auf das Wesentliche konzentrieren.

⮑ Wähle ein übersichtliches Design-Format. Beispielsweise eine Tabelle mit fünf Spalten. Dein Design dient dann nur als dein roter Faden.

Wie auf der folgenden Seite gezeigt, kann beispielsweise dein Designformat aussehen. Du trägst für jede Sequenz ein, woran du wann denken solltest. Es dient dir als roter Faden, um Ablauf und Zeiten im Blick zu behalten. Sofern du mit Co-Moderation arbeitest, kannst du so koordiniert zusammenarbeiten und gemeinsame Ziele erreichen.

Online-Workshop ...				
Start	**Dauer**	**Wer**	**Was**	**Bemerkung**
Anfangszeit	Zeitangabe für die Sequenzen in Minuten	Wer moderiert diesen Teil?	Beschreibung: Was genau passiert in dieser Zeit? ⮑ Welche Methode wird genutzt? ⮑ Was ist das Thema? ⮑ Was sind die Hauptaussagen? Was ist das Ziel? ⮑ Übergang zur nächsten Sequenz	Woran sollte ich hier denken? ⮑ Links ⮑ Haupt- oder Breakout-Raum? ⮑ Materialien ⮑ ... und mehr ...

Hüte dich davor, dich sklavisch daran zu halten, denn dann verlierst du die Bedürfnisse deiner Teilnehmenden aus den Augen. Wenn die eine oder andere Intervention länger als geplant dauert, ist das okay und wichtig für deine Teilnehmenden. Du kannst dann die Überziehungen mit deinen vielen eingebauten Pausen leicht wieder ausgleichen. Vielleicht kannst du sogar die eine oder andere Übung dann ganz wegfallen lassen.

Moderation| Du bist nicht allein

Bei manchen Moderationen ist es sinnvoll, manchmal auch notwendig, dass du mit einem kompetenten Co-Moderatoren/einer kompetenten Co-Moderatorin zusammenarbeitest.

91 Du brauchst Co-Moderation, wenn du dich mit der Technik (noch) nicht gut auskennst oder mit einer Gruppe von mehr als zwanzig Personen arbeitest. So kannst du dich besser auf das konzentrieren, worauf es ankommt. Auf deinen Kontakt zu den Teilnehmenden und die Erreichung deiner Ziele. Wenn du durch zu viele technische Herausforderungen abgelenkt bist oder vielen Teilnehmenden erlaubst, den Chat zu nutzen, frustrierst du deine Teilnehmenden, weil sie sich nicht wahrgenommen fühlen. Sie schalten ab. Gehen womöglich in den Widerstand und du weißt, was dann passiert: Dein so schön geplantes Event fliegt dir um die Ohren. Dein Co-Moderator kann dir Technik und Chat-Beobachtung abnehmen, Zeiten im Auge behalten und du bleibst voll bei der Sache.

92 Rollen für deine Teilnehmenden im Online-Meeting: Du kannst verschiedene Rollen, die üblicherweise ein Co-Moderator übernehmen würde, alternativ durchaus auch an erfahrenere Teilnehmende verteilen. Das gibt den Betroffenen das Gefühl einer Mitverantwortung und hält sie so bei der Stange. Sie tragen so zum Erfolg bei. Lass sie Timekeeper (= Zeitverantwortliche/r), Chat-Beobachter, Protokollführer sein oder gib ihnen Rollen, für die sie Verantwortung übernehmen und durch die sie in den Austausch mit den anderen Teilnehmern kommen.

Checklisten | Coole Checklisten für Vor- und Nachbereitung

Wir alle haben irgendwann mit einem ersten Online-Meeting als Moderatoren diese neue Welt erobert. Doch mit jedem Mal haben wir dazugelernt. Unsere Profitipps an dieser Stelle:

93 Entwickle eigene Checklisten für deine Online-Meetings. Das kannst du alleine für dich tun – oder zusammen mit (d)einem Team. Idealerweise erstellst du für jedes Angebot oder Thema eine eigene Liste, die du direkt bei den Unterlagen zum Thema – von Einladung bis Präsentation – auf deinem Rechner speicherst. So kannst du bei Bedarf aus dem Effeff schnell zugreifen und hast jederzeit alles parat, was du für genau dieses Thema oder Projekt brauchst.

94 Überlege dir, welche Checklisten du immer wieder brauchst: Technik, Materialien, Arbeitsblätter oder Workbooks, Medien – von Audio über Video bis Links, Zeitpläne und Agenden und vieles mehr kannst du im Anschluss an ein Meeting, wenn du noch mitten im Thema bist, flugs erstellen und später nach und nach optimieren. So entsteht für dich eine wertvolle Arbeitshilfe, mit der im Ernstfall auch mal eine Vertretung zuverlässig arbeiten könnte.

95 Zeitmanagement ist dein Schlüssel zum Erfolg – nichts nehmen Menschen mehr krumm, als wenn du am Ende gnadenlos überziehst. Und sei dein Content noch so gut. Daher ist unser Impuls, dass du dir vorher ganz strukturiert deine Agenda, dein Design der einzelnen zu besprechenden Themen und Punkte schriftlich überlegst – und diese mit den passen-

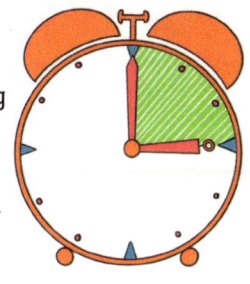

den Zeiten versiehst. So kannst du dich im Meeting schnell an deinem Design orientieren, die selbst gesetzten Zeiten leichter einhalten und deine Vorlage nach und nach optimieren. Sei lieber etwas früher fertig, als am Ende zu überziehen ...

Checkliste | Dein Meeting starten – von A bis Z gut vorbereitet

Atmen niemals vergessen – auch wenn es mal stressig wird. Tief atmen. Vor allem sehr bewusst und tief **aus**atmen ...

Bildschirm(e) so strukturiert einrichten, dass alles übersichtlich für dich ist: Präsentation, Chat, Teilnehmerübersicht, Videopanel und mehr. Wir empfehlen dir aus eigener Erfahrung die Nutzung von zwei Bildschirmen – das macht es dir deutlich leichter.

Checke, ob deine Telefone und dein Smartphone leise gestellt sind.

Deinen Rechner kabelgebunden statt im WLAN zu nutzen bedeutet, dass deine Leitung deutlich stabiler ist.

Einrichtung der eigenen Sitz- oder Stehposition für die Dauer der Veranstaltung: passen Abstand, Höhe und Stuhl? Stören Kopfstütze (optisch) oder Geräusche (akustisch)?

Frisches Brillenputztuch schnappen und damit Kameralinse und deine Brillengläser säubern.

Gewünschte Bildschirmteilung – ganz oder teilweise teilend – korrekt ausrichten.

Hintergrund angemessen für das anstehende Meeting gestalten.

Indirektes und direktes Licht so ausrichten, dass du im besten Licht zu sehen bist.

Jacke bereitlegen oder anziehen, sofern erforderlich – »Obenrum schön« lautet die Devise.

Kamera optimal ausrichten – Kamera-Blickwinkel und Zoom so anpassen, dass die Teilnehmenden nichts stört.

Lächeln! – diesen Punkt wiederholen, wenn er dir einfällt ...

Mindset auf deine jetzt anstehende Aufgabe ausrichten: Gespannte Vorfreude! Ein wenig Lampenfieber ist dabei durchaus förderlich, da es dich hoch konzentriert werden lässt.

Netz prüfen – wie stark ist aktuell dein Internet? Notfalls weitere Verbraucher abschalten, um das eigene Netz zu stärken. Über Websites wie beispielsweise speedmeter.de bekommst du einen guten Eindruck davon, wie stark dein Netz ist.

Optimiere jetzt deinen Anblick mit mattierendem Puder, Lippenstift und Accessoires.

Platziere an der Tür oder auf dem Tisch ein Schild, dass du im Meeting bist – und auch, ab wann du voraussichtlich wieder ansprechbar sein wirst.

Qualitätsprüfung: Habe ich alles an Materialien, was ich gleich brauche? Was fehlt noch?

Richtige Präsentation hochladen oder öffnen.

Stimme aufwärmen.

Tonein- und -ausgang testen – also Mikrofon und Lautsprecher: sind die richtigen aktiviert und funktionieren sie?

Unnötige andere Anwendungen zur Schonung der verfügbaren Internet-Kapazität und zur Vermeidung von Ablenkungen schließen.

Verfügbares Tablet als Whiteboard oder Präsentationsmedium verbinden und testen.

Wasser als Getränk bereitstellen (Tipp: Tasse statt Glas nutzen, da mit der Tasse weder der genaue Inhalt noch fettige Fingerabdrücke auf dem Glas in der Kamera sichtbar sind).

WC-Besuch für den letzten optischen Check und dringende Verrichtungen.

X-Check: Während deine Teilnehmenden im Warteraum sind, kannst du dich in aller Ruhe einrichten und dann starten, wenn du wirklich so weit bist.

Y ee-haw – du planst Abwechslung! Weitere Tools öffnen, die du im Online-Meeting einsetzen willst – für Umfragen, Abstimmungen, Aktivierungen oder ... einfach zum Spaß.

Z usätzlicher Teilnehmer: Richte Tablet oder Smartphone als zusätzlichen Teilnehmer ein und mache es zum Co-Host. So hast du immer im Blick, was die Teilnehmenden gerade sehen, und bleibst Herr im eigenen Meeting, falls mal der Rechner bockt.

Pleiten, Pech und Pannen – unsere Profi-Praxistipps

Selbst mit der allerbesten Vorbereitung werden Pannen passieren. Shit happens. Wann immer wir es mit Menschen zu tun haben, mit ihren Befindlichkeiten, Vorlieben und Vorurteilen, werden wir überrascht von Reaktionen und Verhaltensweisen, die wir uns in unserer blühendsten Fantasie kaum hätten vorstellen können. Sie haben meist wenig mit uns zu tun. Das zu wissen ist die beste Vorbereitung auf einen souveränen Umgang mit Pannen. Wir können als Moderatoren allerdings auch vieles tun, um Pannen zu vermeiden.

96 Lächele, egal was passiert. Du weißt, dass du in der Vorbereitung dein Bestes gegeben hast. Deine Einstellung den Teilnehmenden gegenüber ist wertschätzend. Also gibt es keinen Grund, sich ein Lächeln zu verkneifen. Ein großartiges Prinzip, das deine innere Gelassenheit unterstützt: »Whatever happens is the only thing that could happen.« (= Was auch immer passiert, es ist das Einzige, was passieren konnte.) Ja, genau so ist das.

Deine Teilnehmenden sind verschieden – du kannst es keinesfalls allen recht machen. Und so kann es passieren, dass du auch mal ein eher faules Ei darunter hast ... Nimm es mit Gelassenheit hin.

Lächeln vermittelt Sympathie und Souveränität. Wenn dir ein Fehler passiert ist, gib ihn zu. Entschuldige dich lächelnd und repariere ihn. Wenn etwas außerhalb deiner Verantwortung liegt und ein Missverständnis oder Konflikt mit einem Teilnehmenden entsteht, höre genau hin. Versuche, zu verstehen.

Bedanke dich für die Mitteilung und frage die anderen, wie sie es empfinden. Sie werden zur Klärung beitragen. Finde mit offener Haltung und bereitwillig heraus, worum es genau geht, und geh darauf ein.

Vergiss in so einem Moment das Ziel deines Events. Jetzt geht es zunächst darum, mit den Teilnehmenden wieder in guten Kontakt zu kommen. Damit sie dir wieder zuhören. Sobald ein Konflikt oder Missverständnis im Raum steht, sind die Ohren deiner Teilnehmenden taub. Und bei all dem: Lächele. Nahezu immer hat es wenig mit dir zu tun.

#IMPERFEKTION ROCKT

97 Imperfektion rockt. Menschen gehen auf Abstand, wenn sie einem perfekten Menschen begegnen. Zu viel Perfektion tötet Sympathie und Nahbarkeit – solche Menschen landen auf einem Sockel, der unerreichbar scheint.

Bereite dich bestmöglich vor – und dann leg los. Fehler dürfen passieren. Der lockere Umgang mit Fehlern macht dich nahbar und wirkt sehr entspannend. Deine Fehler lassen dich menschlich wirken. Sie schaffen Augenhöhe und Vertrauen. So lebst du den Teilnehmenden vor, dass sie mit der Offenheit für die Imperfektion viel leichter und entspannter zum Ziel kommen können – ohne sich ständig selbst unter Druck zu setzen.

98 Du darfst deine Teilnehmer nach Lösungen fragen. Wenn es dir durch dein Echt-Sein und deine Gelassenheit im Umgang mit Fehlern gelungen ist, Nähe aufzubauen, kommt es richtig gut an, deine Teilnehmer um Hilfe zu bitten.

Es gibt Momente, da merkst du deinen Teilnehmenden an, dass bei der Beseitigung einer Panne etwas anders läuft, als sie es geregelt hätten. Sie zeigen sich unzufrieden. Hier kannst du sie konkret fragen, wie sie die Situation gelöst hätten – und vielleicht sogar von ihnen lernen. Oder erklären, warum du in diesem Fall eben anders entschieden hast. So löst ihr auf Augenhöhe das Problem und wieder haben sie das berechtigte Gefühl, selbst zum Erfolg der Veranstaltung beigetragen zu haben. Und das ist ein gutes Gefühl.

99 Unbequeme Teilnehmer sind ein Geschenk: Eine Lernaufgabe für dich. Sofern du die Möglichkeit hast, deine Veranstaltung schon im Vorfeld mit zukünftigen Teilnehmenden gemeinsam vorzubereiten, suche dir für die Planung die für dich herausforderndsten Zeitgenossen heraus. Höre genau hin, was sie brauchen. Beobachte, wie sie reagieren. Versetze dich bestmöglich in ihre Lage. Erkunde ihren Hintergrund. Nach unserer Erfahrung machen gerade solche Menschen Aspekte sichtbar, die sonst die Veranstaltung gesprengt hätten. So kannst du Probleme im Vorfeld reduzieren. Genau diese Menschen werden dann in der Veranstaltung zu deinen Cheerleadern – denn du hast aus Betroffenen Beteiligte gemacht. Genau das fühlt sich für sie viel wertschätzender an.

Tauchen schwierige Zeitgenossen erst in deinem Event auf, handele genauso. Sei aufmerksam und respektvoll. Frage die anderen Teilnehmenden, ob sie es genauso sehen. Sollte es dir auch mit Einfühlsamkeit und Verständnis kaum gelingen, einen schwierigen Teilnehmer auf diese Weise wieder in deinen Ablauf zu integrieren, orientiere dich an deinen anderen Teilnehmenden. Du merkst, dass die übrigen Teilnehmenden sich gestört fühlen und auf deiner Seite stehen?

Dann bitte den Störenden respektvoll, das Online-Meeting zu verlassen. Verweigert die Person dies, so ist es für den weiteren Erfolg zielführend, sie höflich und doch bestimmt aus dem Meeting zu entfernen.

100 Plan B – und warum du ihn niemals nutzen sollst. Ob du ihn für den Ernstfall schon vorher konzipiert hast oder erst im Meeting entscheidest, die Richtung zu ändern, andere Themen anzusprechen oder einen Konflikt zu lösen: Plan B gibt dir zusätzliche Sicherheit. Du kennst die Teilnehmenden und ihren Hintergrund bisher zu wenig? Dann macht es Sinn, dir im Vorfeld zu überlegen, was passieren könnte. Halte inhaltlich, technisch oder persönlich Alternativen bereit. Plan B ist nur dazu da, dir einen Ausweg zu liefern, wenn einfach alles schiefzulaufen scheint. Doch investiere keinesfalls zu viel Energie in seine Planung, denn immer (!!!) ist dein Plan A der bessere Weg. Weshalb du Plan B nur als Notfallhelfer in der Hinterhand haben solltest – damit du keinen Ausfall befürchtest. Vertraue dir selbst – und deinem Plan A.

101 Bitte die Teilnehmer, ihre Bandbreite schonend zu behandeln. Warum? Nun – mit der schnellen Digitalisierung sind weltweit die Anforderungen an die verfügbaren Netze und Server exorbitant gestiegen. Viele wanderten ins Homeoffice oder fanden sich im Homeschooling wieder. Darauf waren die eigenen Internet-Leistungskapazitäten im Wohnumfeld in keiner Form ausgerichtet.

Weltweit wurden aufgrund höherer Streaming-Bedürfnisse in Sachen Musik, Video und mehr die Server-Bandbreiten knapp. Und das wird uns noch lange so begleiten. Anbieter haben ihre Leistungen drastisch runtergefahren und doch ist es im Netz vorerst enger als in jeder Sardinenbüchse.

Deshalb haben deine Teilnehmenden weit mehr von eurem Online-Meeting, wenn sie für dessen Dauer alle verzichtbaren Fenster und Netznutzer schließen – also auch Mitbewohner darum bitten, in dieser Zeit nach Möglichkeit kein Streaming-TV und keine Musikkanäle zu nutzen oder Daten hoch- oder runterzuladen. Um möglichst viel der eigenen Bandbreite verfügbar zu haben.

102 Baue reichlich (!!!) Pufferzeiten ein, denn unter Zeitdruck können Menschen nur schwer arbeiten. Vermeide Zeitdruck, indem du großzügige Zeiten und lange Pausen einplanst.

Sollte die eine oder andere Übung oder Intervention länger dauern, kannst du so die Zeit durch leicht verkürzte Pausen anpassen. Das gelingt dir unauffällig und lässt dich dein Zeitmanagement professionell im Griff behalten.

103 Du darfst Menschen ziehen lassen … In einer Gruppe dienst du der Gemeinschaft. Klar wirst du hier und da einzelnen Teilnehmenden ein wenig mehr Aufmerksamkeit schenken, um sie »mitzunehmen«. Sobald du jedoch spürst, dass die Stimmung leidet, andere Teilnehmende abgleiten oder kritische Kommentare kommen, tust du gut daran, dich wieder der Gruppe zu widmen. Verfahre dann wie unter Punkt 117 »Setze Vielrednern und Vielfragern wertschätzende Stoppschilder« beschrieben oder biete dem kritischen Teilnehmer ein Einzelgespräch nach dem Event an.

104 Der Wert der Pünktlichkeit. Beginne – auch nach Pausen – pünktlich. Das gilt auch, wenn noch Teilnehmende fehlen. Du bist für die gesamte Gruppe verantwortlich. Die Pünktlichen werden es dir danken – die Unpünktlichen tragen die Konsequenz ihrer eigenen Handlungsweise.

105 Mit einem zweiten Gerät teilzunehmen ist sinnvoll. Besonders dann, wenn du keinen Co-Moderator hast. Logge dich mit einem zweiten Gerät ein – Rechner oder Tablet. Wichtiger erster Schritt dabei ist, dich direkt selbst auch zum Co-Moderator zu ernennen. Du kannst dann auf dem Bildschirm sehen, was deine Teilnehmenden gerade angezeigt bekommen. Sollte dir tatsächlich mal ein Gerät ausfallen, kannst du auf diese Weise mit deinen Teilnehmenden in Kontakt bleiben.

106 Halte Teilnehmer-Aktivierungen bereit. Du wirst schon in dein Design Teilnehmer-Aktivierungen eingebaut haben – denn ohne die kannst du die Aufmerksamkeit deiner Teilnehmenden auf Dauer nicht halten. Falls dir im Verlauf deines Events auffällt, dass die Stimmung sich verändert, die Aufmerksamkeit sinkt oder Kritik aufflammt, setze eine Aktivierung ein. Das können ein Energizer zur Gehirnaktivierung sein oder kreative Aktivierungen mit Spaß und Spiel. Das kann eine Bewegungsübung sein und manchmal auch eine Übung zur Entspannung. Tolle Anregungen dazu findest du im Online-Burger (https://Online-Burger.com), dem aktivierenden Kartenset mit neunzig Impulsen für genussvollere Gestaltung von Online-Veranstaltungen und jeder Menge Praxistipps und Vorlagen im Download-Bereich.

107 Unterstütze die Selbstverantwortung deiner Teilnehmenden, denn online zu arbeiten ist für viele noch fremd und anstrengend. Es erfordert eine neue Art der Selbstwahrnehmung. Als Moderatoren können wir unsere Teilnehmenden darin unterstützen, gut auf sich zu achten und dafür zu sorgen, fit und bei der Sache zu bleiben.

Erinnere sie immer wieder daran, zu trinken. Lade sie ein, sich zu bewegen. Biete Bewegungsübungen an. Fordere sie auf, selbst auf sich und ihr Energielevel zu achten, und gib ausdrücklich die Erlaubnis, alles gesellschaftlich Vertretbare zu tun, um aufmerksam zu bleiben. Alles – was die anderen ungestört weiterarbeiten lässt. Für gute Ergebnisse werden alle Sinne gebraucht. Um die nutzen zu können, gilt es den ganzen Menschen zu mobilisieren.

6.

Dein Event, deine Abläufe, deine Regeln – ein klarer Rahmen ist im digitalen Raum ein Muss

Damit dein Online-Event reibungslos funktioniert und deine Teilnehmenden optimale Voraussetzungen haben, um ihr Bestes einbringen zu können, brauchst du klare Rahmenbedingungen. Eindeutige Regeln, innerhalb derer jeder Teilnehmende maximale Freiheit und Wahlmöglichkeiten hat. Wenn du vor jedem Event entsprechende Rahmenbedingungen formulierst und sie gleich zu Beginn klar kommunizierst, werden sie sich sicher und damit wohl fühlen. Die übliche vorsichtige Zurückhaltung, Zögerlichkeit, Skepsis und Unsicherheit bei Meetings im digitalen Raum wird sich schnell auflösen und die Zusammenarbeit kommt schnell in Gang.

Das Vorgeben klarer Regeln für das Miteinander ist beim digitalen Miteinander deshalb so wichtig, weil wir online einander doch etwas eingeschränkter wahrnehmen und vor allem weil sich dort bisher viel weniger ein Common Sense für eine produktive Zusammenarbeit herausgebildet und in den Köpfen der Menschen verankert hat, als das im realen Leben oder beim Arbeiten im Büro der Fall ist.

Bei den Rahmenbedingungen unterscheiden wir nach generellen Rahmenbedingungen zu Veranstaltung und Thema – also Dingen wie Zeiten und Pausen, je nach Thema auch Regeln rund um die Unternehmensvision, den Unternehmenszweck, die strategische Ausrichtung des Unternehmens, die Organisationsstruktur, zum intellektuellen Eigentum, zu Budgets und mehr – und **den Spielregeln der Online-Veranstaltung, der sogenannten Netiquette.**

Rahmenbedingungen | Onboarding

Ein konstruktives Miteinander ist möglich, wenn Menschen sich wohlfühlen und Lust haben, sich einzubringen, wenn sie dein Thema interessiert und sie auf eigenen Wunsch dabei sein können. Wenn sie sich willkommen und wertgeschätzt fühlen und wissen, innerhalb welcher Rahmenbedingungen sie sich frei bewegen und einbringen können.

108 Die ersten Minuten des Ankommens sind bedeutsam für das Klima deines Events. Bitte deine Teilnehmenden in der Einladung, zehn bis fünfzehn Minuten vor dem offiziellen Start anzukommen. So hast du Zeit, den Teilnehmenden die Regeln zu erläutern – beispielsweise wie mit Wortmeldungen, Kamera, Ton und Chat umgegangen wird. Du kannst diese Regeln schon in der Einladung erwähnen und an dieser Stelle nochmal kurz daran erinnern. So kommt deine herzliche Begrüßung in dem sicheren Raum, den du geschaffen hast, auch an. Du hast dich ja vor dem Meeting schon aufgewärmt und bist voller Vorfreude. Lass sie das spüren. Mit Herzlichkeit und lockerem Small Talk zu Beginn – auch unter den Teilnehmenden – ist das Eis schnell gebrochen.

109 Wortmeldungen können in interaktiven Events auf unterschiedliche Weise angezeigt werden. Entscheide vor dem Meeting, ob die Teilnehmenden sich per physischem Heben einer Hand melden sollen – bei kleinen Gruppen funktioniert das gut. Oder ob sie ihre Wortmeldung mit Emojis oder dem digitalen Handheben anzeigen sol-

ich

Wortmeldung

len. Wenn Teilnehmende in größeren Gruppen Fragen in den Chat schreiben sollen, bitte die Teilnehmenden, zwei Sternchen vor die Frage zu setzen, da die Fragen so schneller aufzufinden sind. Sofern Wortmeldungen unerwünscht sind und Fragen nur im Chat gestellt werden sollen, solltest du einen Co-Moderator dabeihaben, da du kaum engagiert moderieren und gleichzeitig den Chat im Auge behalten kannst.

110 Im Kreis zu sitzen ist auch in Online-Meetings möglich. Bitte sie, auf einem Blatt Papier einen Kreis zu zeichnen – jeder für sich – und die Namen der Teilnehmenden in der gemeinsam gewählten Reihenfolge rund um den Kreis zu schreiben. Hilfreich ist es, sich eine Uhr vorzustellen und die Teilnehmenden an die vollen Stunden zu setzen. Bei mehr als zwölf Teilnehmenden ergänzt du durch halbe Stunden. Das macht Spaß und gibt Struktur. Wenn deine Teilnehmenden »im Kreis sitzen«, hast du für die Dauer deiner Veranstaltung eine klare Reihenfolge bei Mitteilungsrunden. Das vermeidet Verzögerungen, weil niemand weiß, wer als Nächstes dran ist. Wenn du mit Apps und Software wie beispielsweise Miro, Mural oder Concept Board arbeitest, können deine Teilnehmenden ihre Namen um einen auf dem Whiteboard gezeichneten Kreis verteilt schreiben und so ihren Platz finden.

111 Zeiten und Pausen zu kennen, gibt den Teilnehmenden zusätzliche Sicherheit. Allerdings musst du keineswegs jede geplante Pause nennen, da sich durch die Dynamik der Interaktionen Pausen immer verschieben oder verändern können.

Auch wenn du sie schon in der Einladung angekündigt hast, solltest du die längeren Pausen gleich zu Beginn noch einmal nennen. Erwähne jedoch gleich, dass es nur ungefähre Angaben sind. Gib den Teilnehmenden die Möglichkeit, sich zu melden, wenn sie eine Pause brauchen, wenn Übungen länger dauern als geplant oder du die Aufmerksamkeitsspanne deiner Teilnehmenden überschätzt hast.

112 Schaffe eine Wohlfühlatmosphäre mit Regeln, die maximale Wahlmöglichkeit und Freiheit einräumen. Mit den oben erwähnten Punkten hast du einen ersten Rahmen geschaffen, in dem die Teilnehmenden sich gleich wohler fühlen. Bevor du alle weiteren Rahmenbedingungen und die Agenda für deine Veranstaltung nennst, gib ihnen die Gelegenheit, mit einer Übung, wie in Tipp 82 beschrieben, mit allen Sinnen anzukommen. Formuliere alle weiteren Rahmenbedingungen so, dass sie eher den Freiraum und die Wahlmöglichkeit beschreiben als die möglichen Beschränkungen. Beispielsweise: »Sie sind frei, zu unserem Thema alle ihre Vorschläge einzubringen. Bitte bedenken Sie dabei, dass ...«

113 Sie – oder doch du, das ist immer eine spannende Frage. Wie handhabst du es in deinem Alltag? Was ist eure Unternehmenskultur? Schon beim Erstellen von Einladung oder Präsentation steht die Entscheidung für dich an. Das krampfhafte Vermeiden einer Anrede ist schwierig – daher schaue, wie es für dich passt, und stimme dich gegebenenfalls mit dem Auftraggebenden ab.

Du darfst auch zu Beginn deine Teilnehmenden offen fragen, ob sie lieber mit einem Sie oder einem Du angesprochen werden. Jeder darf seinen Wunsch in den Chat schreiben oder die Hand heben – die Mehrheit macht das Rennen. Bei uns hat sich das Arbeits-Du inzwischen etabliert, doch das ist in einem anderem Umfeld oft – noch – ganz anders ...

Rahmenbedingungen | Be the Master of Desaster

Selbst wenn du ein Design gestaltet hast, das den Teilnehmern maximale Wahlmöglichkeiten und maximale Freiheiten einräumt, und du dich im Hintergrund hältst, bist du für die Dauer deiner Veranstaltung der Mensch, der den roten Faden kennt und weiß, wann er eingreifen muss und wann eben nicht.

114 Deinen Teilnehmenden gebührt die Bühne. Die beste Moderation ist die, von der die Teilnehmenden am Schluss sagen: »Wir haben es selbst gemacht«. Eine Moderation, welche die Teilnehmenden zu sehr »an die Hand nimmt«, ist wenig geeignet, Lernen zu fördern oder Eigeninitiative und

Kreativität zu wecken. Deine Aufgabe ist es, Rahmenbedingungen, Netiquette und ein sinnvolles Design zu »komponieren«. Setze auf ein Design, in dem du in den Hintergrund trittst und deinen Teilnehmenden maximale Selbstorganisation ermöglichst.

115 Zu einer guten Führung gehört, dass deine Teilnehmenden zu jeder Zeit wissen, was wann auf sie zukommt und was das Ziel deiner Veranstaltung ist. Sobald du das Onboarding abgeschlossen hast, präsentiere die Agenda mit allen geplanten Schritten, um das definierte Ziel zu erreichen. Bestenfalls hast du deine Veranstaltung mit einigen der Teilnehmenden gemeinsam geplant. Dann weißt du, dass du Unterstützer unter den Teilnehmern hast und wie deine Teilnehmer ticken.

116 Halte die Fäden in der Hand ... – locker. Dein Ziel ist klar, das Design gut durchdacht und die Rahmenbedingungen räumen den Teilnehmenden maximale Freiheit ein. Nun ist es deine Aufgabe, die Zeiten »führend« im Blick zu halten und die Übungen, Interaktionen und Aktivierungen kurz anzumoderieren. Falls du Input liefern musst, halte dich so kurz wie möglich. Maximal zehn Minuten.

117 Setze Vielrednern und Vielfragern wertschätzende Stoppschilder. Sie sind motiviert. Sie wollen verstehen und viel beitragen. Auch wenn sie schwierig zu lenken scheinen, sind solche Teilnehmenden hochengagiert. Sie sind jedoch auch leicht zu verschrecken, wenn sie zu rüde gestoppt werden. Das kann die Atmosphäre belasten.

Du kannst dem vorbeugen, indem du von vornherein Redezeiten festlegst. Du kannst die Teilnehmenden bitten, ihre Fragen zu sammeln, und in dein Design feste Sequenzen einbauen, in denen du auf Fragen eingehst. Du kannst jedoch auch jederzeit zwischendrin Fragen zulassen, wenn das für dich handhabbar ist.

Es gibt Themen, die tiefergehende Reflexion brauchen. Lass den Menschen Raum, die im Sprechen erst ihre Gedanken entwickeln und damit länger sprechen.

118 Kommuniziere klar und eindeutig. Leite deine Übungen und Interaktionen präzise an. Vergewissere dich, ob die Anleitung verstanden wurde, und überlass alles Weitere den Teilnehmern. Halte dich zurück, wenn etwas schiefzugehen scheint. Missverständnisse führen zu ungeahnt kreativen Ergebnissen. Sobald das Ganze in eine völlig falsche Richtung läuft, frage, wie die Aufgabe verstanden wurde, und korrigiere wohlwollend.

119 Du bist der Gastgeber – in deinem Haus stellst du die Regeln auf. Sei konsequent bei der Einhaltung deiner Regeln. Sofern du sie eindeutig kommuniziert hast, kannst du dich bei Übertretungen darauf beziehen. Greifst du auf diese Weise konsequent bei Übertretungen ein, können die »Ertappten« damit umgehen und die anderen fühlen sich gut aufgehoben.

120 Ein wertvoller Abschluss rundet deine Veranstaltung ab. Schließe die Veranstaltung gemeinsam mit deinen Teilnehmenden in angenehmer Atmosphäre ab. Nach einer lebendigen Veranstaltung kann es frustrierend wirken, wenn der Moderierende vor den Teilnehmenden das Meeting verlässt und damit beendet.

In der Abschlussrunde kannst du Hoffnungen und Befürchtungen daraufhin ansehen, was eingetroffen ist – oder vermieden wurde. Ihr könnt darüber sprechen, welchen Wert, welche Erkenntnisse oder Schätze alle aus der Veranstaltung mitnehmen – ja, auch du als Gastgeber. Da du dich bestenfalls zurückgehalten hast, werden die Teilnehmenden eure Veranstaltung mit positiven Eindrücken zufrieden verlassen.

Rahmenbedingungen | Netiquette

Unter Netiquette verstehen wir die Verhaltensregeln für das Kommunizieren, Interagieren, den Umgang miteinander in Communitys, in Diskussionsforen, in Chats und im E-Mail-Verkehr. Sie zielt auf ein verantwortungsvolles Verhalten im virtuellen Raum. Für deine Online-Veranstaltungen gelten deine Netiquette-Spielregeln. Überlege dir vor jeder Veranstaltung, mit welchen Inhalten und Interaktionen du arbeiten willst – sind Zeiten genau einzuhalten oder soll es eher locker zugehen? – und welches Ziel du verfolgst. Hier einige sinnvolle Regeln, die sich als wirkungsvoll erweisen haben:

121 Mit einer Regel zum Umgang miteinander kannst du auf das Klima, die Atmosphäre in deiner Veranstaltung Einfluss nehmen. Beispielsweise: »Sagen Sie Ihre Wahrheit ohne Schuldzuweisung oder Be-/Verurteilung.« Du kannst erwähnen, dass jeder Beitrag willkommen ist, solange er in der Ich-Form gesprochen wird und frei ist von Urteilen über andere. Schreite unbedingt ein, wenn diese Regel verletzt wird.

122 Da in Online-Meetings der Ton häufig »asynchron« ist – also Videobild und Ton nicht sauber zeitgleich übertragen werden –, ist ein Satzende oft erst zu hören, wenn der Teilnehmer scheinbar wieder ruhig dasitzt, ohne seinen Mund zu bewegen, deshalb sollten wir uns alle mehr auf das Ausredenlassen konzentrieren. Darum darfst du deine Teilnehmenden mit klaren Worten bitten, damit wir einander online weniger »ins Wort fallen«.

123 Einige Worte zur Pünktlichkeit und zum Einhalten der Sprechzeiten sind bei manchen Zielgruppen sinnvoll – auch wenn dies eigentlich selbstverständlich ist. Formuliere positiv: »Wir respektieren einander und starten deswegen pünktlich. Wir lassen den anderen einen angemessenen Redefreiraum, indem wir bei unseren Redebeiträgen immer nur einen Gedanken formulieren und den anderen danach die faire Chance geben, auf genau diesen Punkt antworten zu können.«

124 Privatchats kannst du in den Einstellungen unterbinden oder zulassen. Sie lenken möglicherweise von der Gruppe und den Inhalten ab. Sofern du Privatchats zulässt, darfst du einschreiten, wenn Teilnehmende das über Gebühr nutzen. Idealerweise schreibst du – oder dein Co-Moderator – sie dann per Privatnachricht an und bittest sie, doch wieder am eigentlichen Thema teilzunehmen.

125 Wenn dir wichtig ist, dass deine Veranstaltung lebendig, interaktiv und wirkungsvoll ist, bitte deine Teilnehmer, ihre Kamera während der gesamten Veranstaltung eingeschaltet zu lassen. Gib ihnen jedoch auch die Freiheit, die Kamera kurz auszuschalten, wenn es notwendig scheint (zum Strecken und Recken oder als Bildschirm-Erholungspause für die Augen). Sollten Teilnehmende aufgrund schlechter Datenleitungen keine dauerhafte Kameranutzung leisten können, bitte sie, sich wenigstens zu Beginn – und immer mal wieder zwischendrin – einzuschalten, um das Vertrauen in der Gruppe zu stärken und diese Teilnehmenden ebenfalls bei der Stange zu halten.

Sofern jemand seine Kamera auf keinen Fall einschalten will, sprich klar an, dass er im Präsenzmeeting auch sichtbar wäre und keine braune Packpapiertüte über den Kopf tragen würde. Im Sinne des gegenseitigen Respektes fordere die Kameranutzung mit klaren Worten ein, wenn es dem Thema der Online-Veranstaltung zuträglich ist.

Gerne kannst du auch formulieren, dass du als Moderator einfach einen besseren Job machen kannst, wenn du von deinen Teilnehmenden sichtbar Feedback bekommst – und dass alle mit ihrer Sichtbarkeit zu einer angenehmeren und lebendigeren Veranstaltung beitragen.

126 Bitte deine Teilnehmer, selbst auf ihr Wohlergehen zu achten, alles zu tun, um frisch, wach und aufmerksam bleiben zu können. Sie dürfen dafür alles tun, was eine Störung der anderen vermeidet.

Je unmissverständlicher du Netiquette und Rahmenbedingungen formuliert hast, desto weniger Störungen wirst du durch Zwischenfragen von unsicheren Teilnehmenden haben. Klare Kommunikation reduziert Verstimmungen von anderen, die sich verloren oder unverstanden fühlen.

Erwähne die generellen Rahmenbedingungen, die sich auf alles beziehen, was die Online-Veranstaltung betrifft, bereits in der Einladung. Erinnere zu Beginn erneut an die bereits schriftlich kommunizierten Vereinbarungen zum angenehmen Miteinander.

7.

Digitale Erfolgsregel Nummer eins: Vergiss nie die Teilnehmer-Aktivierung

Wer Veranstaltungen moderiert, weiß, dass es viele unterschiedliche Menschentypen gibt, die unterschiedliche Lernstile haben. Wenn wir uns allein darauf verlassen würden, was wir selbst schätzen, um inspiriert zu sein, um bestmöglich zu lernen und uns in einer Veranstaltung zu engagieren, würden wir fünfundsiebzig Prozent aller Teilnehmer verlieren.

Im digitalen Raum kommt noch hinzu, dass die Aufmerksamkeit der Teilnehmenden ohnehin schneller wegbricht. Lerneffekt und Engagement werden sich bei Teilnehmenden nur einstellen, wenn sie selbst gefordert sind und kontinuierlich Möglichkeiten geboten bekommen, sich mit eigenen Ideen und Beiträgen einzubringen, selbst zu gestalten und kreativ zu werden.

Wir haben hier Profi-Impulse, mit denen du wirklich alle erreichen und »mitnehmen« kannst.

Teilnehmer-Aktivierung | Wie wir lernen

Wenn wir mit einer Gruppe von Menschen arbeiten, können wir davon ausgehen, dass Menschen mit allen unterschiedlichen Lernstilbedürfnissen darunter sind. Jeder Mensch nutzt andere Kanäle, wenn es darum geht, zu verstehen und sich einzubringen. Daher ist es sinnvoll zu wissen, welche Lerntypen es gibt. Um den Ablauf der Moderation so zu gestalten, dass jeder Teilnehmende – zumindest für einige Zeit – bestmögliche Lern-Bedingungen angeboten bekommt.

Lerntypen

Teilnehmer-Aktivierung | Die unterschiedlichen Lerntypen

Diese zu kennen und zu berücksichtigen ist eine Kompetenz, die dich als Online-Moderator(in) wirklich weiterbringt. Andernfalls wirst du Teilnehmende verlieren. Sie verstehen dich nicht und schalten innerlich – vielleicht auch buchstäblich – ab. Es gibt mehrere wissenschaftliche Ansätze, Menschen in Lernstil-Kategorien einzuteilen. Wir präsentieren dir hier die, welche uns aus unserer Praxis zielführend erscheinen.

127 Wir unterscheiden dabei visuelle, auditive und kinästhetische Menschen. Der Visuelle lernt am besten mit Bildern und Metaphern. Solche Menschen lieben gute Fotos und Grafiken oder wenn du vor oder mit ihnen zeichnest. Der Auditive lernt anhand des gesprochenen Wortes. Diese Menschen sind sehr empfindsam, was Stimme und Modulation betrifft. Für sie sind eine angenehme Stimme und sinnvolle Sprechpausen wichtig. Der Kinästhet möchte deine Inhalte spüren, begreifen oder fassen können. Er braucht Zeit, um zu »verdauen«, da er mit allen Sinnen – möglicherweise auch Geruch (= olfaktorisch) und Geschmack (= gustatorisch) – einbezogen werden will. Für ihn sind Interaktion und Kontakt wichtig.

Die mit Abstand größte Gruppe hat eine starke Ausprägung beim Visuellen – also dem Seh-Sinn. Gefolgt von den Auditiven – das sind diejenigen, die auf alles reagieren, was ihren Gehörgang reizt – und den Kinästheten, die die Dinge gerne selbst anpacken, begreifen und motorisch anwenden wollen. Eine rein auditive oder visuelle Vermittlung von Stoff ist für sie anstrengend und erfordert höchste Konzentration. Kinästhetische Lerner wollen emotional beteiligt sein!

Wichtig ist, dass du den Menschen – einzeln und in Gruppen – die Möglichkeit bietest, Dinge direkt praktisch anzuwenden, denn manche Persönlichkeiten lernen durchs Darüberreden am besten. So werden Inhalte mit vorhandenem Wissen optimal verknüpft.

Außerdem unterscheiden wir zwischen eher introvertierten (= ruhigen, in sich gekehrten) und extrovertierten (= lebendigeren, die Öffentlichkeit liebenden) Menschen.

Wichtig für dich ist dabei, dass kaum jemand nur einem Lerntyp entspricht, sondern wir alle eine bunte Mischung darstellen. Du merkst schon, dass ein Wechsel der Angebote für verschiedene Lerntypen für dich sehr wirkungsvoll und zielführend sein kann, oder?

128 Nutze Visualisierungen – also Bilder, Grafiken und Zeichnungen. Hiermit sprichst du die wohl größte Gruppe der Lerner sehr gut an, da die meisten von uns als Generation Fernsehen an bunte Bilder bestens gewöhnt sind. Zudem sagt ein Bild ja auf einen Blick mehr als tausend Worte. Du kannst mit einem wirklich guten Bild viele Informationen zeitgleich transportieren – deutlich mehr als mit Worten.

129 Sprich abwechslungsreich, indem du auch sprachlich verschiedene Sinneskanäle nutzt. Das tust du, indem du entsprechende Formulierungen aus dem bevorzugten Lernkanal deiner Teilnehmenden wählst:

Visuell: »Wie Sie sehen ...«, »Hier im Bild ...«, »Stellen Sie sich einmal bildlich vor ...«

Auditiv: »Haben Sie auch schon gehört ...?«, »Wie XY verlauten ließ ...«, »Der gute Ton ...«

Kinästhetisch: »Wir sollten das anpacken ...«, »Tragen Sie dazu bei ...«, »Halten Sie sich fest ...«, »Sicher können Sie nachempfinden ...«

Olfaktorisch: »Mir stinkt es, dass ...«, »Der Duft der großen, weiten Welt ...«, »Es riecht nach Schnee ...«

Gustatorisch: »Sie haben einen guten Geschmack ...«, »Wie schmeckt Ihnen das?«, »Es liegt mir auf der Zunge ...«

130 Mit vier Mischtypen erreichst du alle. Wenn du die folgenden vier Mischtypen berücksichtigst, wirst du alle Lerntypen erreichen können.

Nennen wir diese vier Typen Daniela, Andreas, Kai und Antonia.

Daniela braucht konkrete, praktische Erfahrungen und reflektiertes Beobachten. Für sie ist wichtig, Inhalte begreiflich präsentiert und die Möglichkeit zu bekommen, sich Notizen und eigene Gedanken zu machen. Sie lernt durch Fühlen und praktische Erfahrungen. Sie braucht Interaktion mit anderen Teilnehmenden.

Andreas bevorzugt reflektiertes Beobachten und analytisches Denken. Er schätzt konkrete Informationen und – ebenfalls – Zeit für Notizen und zum Nachdenken. Zeiten für Selbststudium, in denen er Inhalte für sich selbst erarbeitet, sind für ihn wichtig. Er empfindet als hilfreich, schon vor der Veranstaltung Informationen zum Lesen zu bekommen, da abstraktes Begreifen für ihn zielführend ist. Ihm sind Interaktionen und Rollenspiele eher lästig.

Kai liebt aktives Handeln und abstraktes Begreifen. Für ihn sind Rollenspiele ideal und Übungen, in denen er Gelerntes ausprobiert. Er mag jedoch auch sachliche Informationen und die Möglichkeit, Inhalte abstrakt nachempfinden zu können. Er benötigt seine Zeit zum Verstehen.

Antonia lernt ebenfalls durch aktives Handeln und Experimentieren. Erfahrungen, in denen sie sich einbringen kann, Interaktionen, Partnerübungen, Rollenspiele und Diskussionen mit anderen Teilnehmenden sind für sie ein Goldschatz, um sich einbringen und verstehen zu können. Einzelarbeit und Präsentationen erlebt sie eher lähmend.

Wenn du dein Online-Design komponierst, achte darauf, dass du all diesen unterschiedlichen Lerntypen gerecht wirst und niemanden zu lange auf das warten lässt, was er braucht, um dabeibleiben zu können. Sprich zu Beginn deiner Veranstaltung an, dass dir bewusst ist, dass sie alle sehr unterschiedlich sind, und dass du versuchst, allen inhaltlich und persönlich gerecht zu werden.

131 Mit Methodenwechseln sorgst du sehr einfach für einen Wechsel des Lernkanals. Erst sprichst du zu den Teilnehmenden, dann zeigst du ein Foto, es folgt ein Tondokument oder ein Video und dann lässt du deine Teilnehmenden etwas ausprobieren oder für sich selbst erarbeiten ... So hältst du die verschiedenen Sinneskanäle aktiv und deine Teilnehmenden bei der Stange.

Teilnehmer-Aktivierung | Interaktion

Nichts ist für Menschen schlimmer als die Dauerberieselung durch einen immer gleichen Sprecher – am besten noch mit monotoner und kratzender Stimme. Um im Online-Meeting Menschen zu begeistern, braucht es Abwechslung. Die kannst du wunderbar dadurch erzeugen, dass du mit den Teilnehmenden in Interaktion gehst. Gerade wenn es ums Lernen oder Überzeugen geht, neigen viele Moderatoren zu Frontalvorträgen. Doch es gibt deutlich bessere Wege ...

132 Wissen muss Anwendung finden, um sich im Gehirn im Bereich des Langzeitgedächtnisses zu verankern. Dafür sind mehrfache Wiederholungen – idealerweise auf der Ebene verschiedener Lernkanäle – und eben auch die praktische Anwendung des neu Erlernten von Bedeutung. So verbindet sich neues Wissen mit bereits vorhandenem. Kommen dann noch zusätzlich Emotionen ins Spiel, nutzen die neuen Informationen direkt die Überholspur ins Langzeitgedächtnis.

133 Durch Interaktion mit deinen Teilnehmenden erfährst du mehr über ihre Lebens- und Denkwelt. Mit ein wenig Übung hörst du anhand der von ihnen gewählten Sprache, welcher Sinneskanal eine starke Ausprägung bei ihnen hat. So kannst du ihnen die erwünschte Information auf der passenden Ebene liefern.

134 Niedrigschwellig starten bedeutet: Der gute Moderator setzt keinesfalls zu viel Vorwissen bei den Teilnehmenden voraus, denn damit verliert er sofort diejenigen, die damit überfordert wären. Er startet so, als würde er den Inhalt seiner eigenen Oma erklären, und nimmt so von Beginn an alle mit auf den Weg.

135 Vorhandene Vorkenntnisse einbinden – das ist der Königsweg für gute Moderation. Kläre also frühestmöglich entweder in einem Planungsmeeting mit einer

Auswahl der späteren Teilnehmenden oder mittels Übungen, Abfrage oder Diskussion, wer bereits wie viel Vorwissen zum anstehenden Thema hat und wo genau du andocken kannst. So vermittelst du den Teilnehmenden, dass du sie anerkennst und ihre bestehende Kompetenz schätzt. Du hast so einen guten Anhaltspunkt, welchen weiteren Weg du einschlagen solltest.

136 Verwende Beispiele aus der Alltagswelt deiner Teilnehmenden – dann erreichst du die Menschen am besten, weil sie das Gefühl haben, du verstehst wirklich, worum es für sie geht. So werden sie aufnahmefähig, weil sie merken, dass du weißt, was sie bewegt.

137 Lasse deine Teilnehmenden erzählen – denn das lockert die Moderation auf, liefert dir noch mehr Einblicke und gibt den Teilnehmenden das Gefühl, Beteiligte statt Betroffene zu sein. Hier bekommst du oft auch sehr humorvolle und emotional bewegende Momente, die dieses »online« nahbarer und lebensfroher gestalten.

Kreativität und Storytelling

Zu Beginn der neuen Zeitrechnung »Corona« wurden jede Menge Präsenzveranstaltungen nahezu eins zu eins auf online umgestellt. Dabei wurde sehr schnell klar, dass manches, was in Präsenz super funktioniert hat, online ganz andere Voraussetzungen   u n d Ideen braucht. Es ist also an der Zeit, kreativ zu werden.

Kreativität und Storytelling | Denke online neu

Das gilt natürlich keinesfalls für jede Online-Veranstaltung, denn dann nutzen sich solche Effekte schnell ab. Doch wir alle lieben Überraschungen und du hast bestimmt Ideen, wie du auch ganz gewöhnliche Team-Meetings oder Weiterbildungen im Online-Umfeld aufpeppen kannst. Und sei gewiss: Selbst sonst eher nüchterne Strategie-Meetings, Info-, Entscheidungs- oder operative Meetings gewinnen durch die folgenden Tipps:

138 Schicke ein Paket. Wenn du deinen Teilnehmenden keinen Kaffee fürs Meeting servieren kannst, dann schicke ihnen doch einfach vorab eine Tüte Kaffee und ein nettes Begleitschreiben. Wohl jeder Mensch liebt Überraschungspäckchen. So zeigst du, dass du die Bedürfnisse der Teilnehmenden ernst, die aktuelle Lage mit Humor und die Menschen als Persönlichkeiten wichtig nimmst.

Ein Päckchen Kekse dazu ist zudem eine nette Überraschung, die die Bereitschaft zur aktiven Teilnahme am Meeting sehr erhöhen kann. Je nach Art der Veranstaltung kannst du auch Notizzettel und Stift, benötigte Materialien oder – für ein lockeres Abendevent – auch mal eine Flasche Bier oder Wein versenden.

139 Ein per Post verschickter Brief an die Teilnehmenden, der einen zweiten Umschlag enthält, der erst kurz vor Beginn oder im Meeting zu öffnen ist, erzeugt Spannung und verlockt noch mehr dazu, aktiv im Meeting oder Workshop dabeizusein. Du kannst auch rätselhafte Materialien wie Klemmbausteine, Stoff oder Wunderkerzen verschicken – lass deiner Kreativität freien Lauf, wenn es darum geht, deine Teilnehmenden neugierig und positiv gespannt zu machen.

140 Mit einer Erinnerungsmail, die du kurz vor Beginn des Meetings verschickst, sorgst du dafür, dass die Teilnehmenden deutlich eher pünktlich erscheinen, und du kannst darin nochmal Ziele des Events benennen, Impulse geben oder unterstützende Materialien verschicken.

Kreativität und Storytelling | Gehirngerechte Vermittlung

Im vorherigen Kapitel hatten wir bereits über Lernkanäle und unsere fünf Sinne gesprochen. Diese kannst du bewusst kreativ ansprechen, indem du die Menschen überraschst.

141 Hole deine Teilnehmenden aus dem Berieselungs-Modus. Bitte sie beispielsweise, schnell bestimmte Dinge vor die Kamera zu holen, mit denen sie so keinesfalls rechnen: eine Rolle Toilettenpapier oder einen Inbus-Schlüssel (das sind die aus dem schwedischen Möbelhaus) oder etwas Gelbes aus der Natur. Oder du lässt sie gleich eine ganze Liste abarbeiten – gerne auch aufgeteilt in zwei Gruppen, die gegeneinander antreten.

So bringst du die Teilnehmenden zeitgleich in Bewegung, schaffst belebenden Wettbewerb (ihr habt zwei Minuten ...) und bringst ihre Gehirne richtig auf Trab. Zudem weckst du die Kreativität, was sie mit dem Gegenstand anschließend tun könnten ...

142 Tue etwas gemeinsam mit deinen Teilnehmenden. Ob Yoga-Übung oder Tanzen, ob Kniebeugen oder Papierfalten – ihr tut etwas gemeinsam, schafft ein Ergebnis und sorgt so für bessere Durchblutung, Muskelanspannung und eine Erfrischung des Kopfes. Alle maximal neunzig Minuten solltest du eine lebendige Pause einplanen.

Kreativität und Storytelling | Erzähle eigene Geschichten

Hast du als Kind Märchen vorgelesen bekommen oder selber gelesen? Dann kennst du die Wirkung von Geschichten. Sie ziehen uns in ihren Bann. Insbesondere, wenn Emotionen eine Rolle spielen und wir auf ein Happy End hoffen dürfen. Das kannst du wunderbar auch für deine Themen nutzen – und zwar online genauso wie in Präsenz.

143 Was hast du selbst erlebt? Nutze eigene Geschichten, um Menschen zu bewegen. Statt dir Geschichten bei anderen – großen Rednern oder bekannten Trainern – auszuborgen, wähle lieber weniger große Geschichten, die du dafür aber selbst erlebt hast. Denn es ist spürbar, wie emotional verbunden du mit den Geschichten bist. Deine Mimik und deine Gestik fallen bei eigenen Storys anders aus als bei fremden Geschichten. Das sorgt dafür, dass sie stärker auf die Teilnehmenden wirken, weil eben genau deine Emotionen spürbar werden.

144 Geschichten aus der Lebenswelt deiner Teilnehmenden sind der stärkste Trigger, wenn du Menschen bewegen willst. Nicht immer wirst du aus jeder Alltagspraxis Geschichten parat haben – doch du kannst vorhandene eigene Geschichten oft sehr einfach auf andere Beispiele übertragen.

Ob das Erlebnis mit dem Mann, der dich neulich beschimpft hat, nun morgens in der Firma, mittags in der Arztpraxis oder abends beim Sporttraining stattgefunden hat, ist unerheblich. Wichtig ist, worum es dabei ging und was deine Story den Teilnehmenden vermitteln soll. Hier kannst du deine emotionalen Erlebnisse sanft anpassen und dennoch die gleichen Emotionen und den gleichen Handlungsstrang nutzen.

145 Schildere deine Geschichten lebendig – dabei darfst du auch übertreiben. Oft wirkt es verstärkend, wenn du wörtliche Rede nutzt. Wenn du deine Stimme bewusst modulierst und deutlich lauter oder auch gaaaanz leise wirst. Wenn du schneller oder langsamer sprichst oder lange Pausen dramaturgisch geschickt einsetzt. Das gilt online wie in Präsenz. Und doch wirken Geschichten vor der Kamera oft noch stärker, weil du den Teilnehmenden mit dem Gesicht näher kommen kannst, als es die natürliche Abstandszone in der bisher gewohnten Präsenz erlauben würde.

Kreativität und Storytelling | Trau dich, verrückt zu sein

Verrückt zu sein erfordert vor allem eines: Mut. Den Mut, sich selbst weniger wichtig zu nehmen und sich in den Dienst der Sache zu stellen. Sagen wir es klar, wie es ist: Es braucht die Bereitschaft, sich zum Affen zu machen. Dinge zu überziehen, zu übertreiben oder Menschen wirklich zu überraschen.

146 Brich Regeln, um wirklich zu bewegen. Klar, dass wir dabei auf legalem und gesellschaftlich anerkanntem Boden bleiben. Doch was machen Clowns im Zirkus? Sie beziehen das Publikum ein. Sie bitten einen Gast, etwas zu tun – und dieser weiß vorab kaum, was ihn erwartet. Und doch ... machen die meisten mit. Weil sie freundlich und vielleicht auch mit etwas Nachdruck gebeten wurden.

Oft erleben wir – die Buchautorinnen – als Online-Profis, dass unsere Kunden und Teilnehmenden sich schlicht nicht trauen, den üblichen Verhaltenskodex zu verletzen. Sie haben zu großen Respekt, Menschen zum Unfug aufzufordern. Sie haben auch Angst vor Ablehnung: Was tun, wenn sich einer weigert?

Deswegen verlaufen typische Führungskräfte-Meetings und -Workshops oft deutlich langweiliger als Workshops mit Mitarbeitenden oder gemischten Gruppen. Weil die Trainer oder Moderatoren meinen, dass man DAS mit Führungskräften sicher niemals machen dürfe.

Lass dir gesagt sein: Auch Führungskräfte sind Menschen, die gerne mal Spaß haben und mal aus dem Alltagstrott gerissen werden wollen. Denk an die Clowns im Zirkus: Hier steht auch der Unternehmensboss plötzlich in der Manege und bespritzt den Clown mit Wasser. Spaß und Abwechslung kennen keine Hierarchien.

Unser Impuls für dich ist: Werde von Mal zu Mal mutiger, auch mal verrückte Dinge mit deinen Teilnehmenden zu tun. Wachse nach und nach in neue Mut-Sphären. Setze dabei auch auf Dinge, die dir selbst vielleicht weniger Freude machen, die jedoch bei deinen Teilnehmenden bestens ankommen. Dieses Out-of-the-box-Denken ist genau das, was neue Ideen bringt. Was Menschen aus gewohnten Denkmustern lockt und wo wirkliche Innovation entsteht. Es ist das, was wir gerade jetzt so dringend brauchen.

Kreativität und Storytelling | Außergewöhnliche Materialien

Deine Teilnehmenden lieben es, wenn sie gut unterhalten werden. Nun geht es in einer Online-Veranstaltung oder in einem Online-Workshop keineswegs um Entertainment, sondern um fachlich-sachliche Themen. Doch wer legt fest, dass diese keinen Entertainment-Charakter haben dürfen?

Du hast in Sachen Online-Lernen jetzt schon so viel in diesem Buch gelesen und für dich mitgenommen, dass du weißt: Was lustig, laut, schräg oder lebendig ist, wirkt bewegend auf Menschen. Bewegung = movere (lat.).

Menschen inhaltlich zu bewegen bedeutet also, ihre eigene – intrinsische (= von innen heraus kommende) – Motivation zu stärken.

Je mehr Bewegung du also in die Menschen zauberst, desto mehr Motivation schaffst du. Wenn du deine Teilnehmenden also bewegen willst, dann sei frech und wild und wunderbar. Sei Pippi Langstrumpf. Nimm die Menschen mit in eine Welt, die dir gefällt. Mit Worten, Aufgaben und dem, was du zeigst. Was heißt das konkret?

147 Bringe Dinge vor die Kamera, die bewegen. Ob du nun das Modell eines Gehirns zeigst oder eine kunterbunte Brille aufsetzt, ob du ein überdimensionales Überraschungsei in die Kamera hältst oder dein Haustier: Wenn es für das Thema und den Inhalt dienlich ist, ist nahezu alles erlaubt. Es darf ruhig albern oder komplett verrückt sein.

Dinge dürfen deutlich größer oder viel, viel kleiner sein. Sie dürfen Lärm machen oder Chaos anrichten – Hauptsache, sie unterstreichen deine Aussagen und Themen. Sie veranschaulichen Zusammenhänge oder Mengen, Inhalte oder Hürden. Natürlich solltest du keineswegs mit außergewöhnlichen Materialien präsentieren, nur um etwas Verrücktes zu tun – sondern immer im Dienst des Themas.

Es gibt einen grandiosen Ted-Talk von Roy Beck, der in 4:11 Minuten anhand von Kaugummikugeln das Migrations-Problem erklärt – und zwar unfassbar anschaulich (https://youtu.be/

uNvmo5F1uzA). Hier erlebst du Storytelling und außergewöhnliche Materialien von der allerbesten Seite ...

Methodik und Didaktik

Einfach formuliert bedeutet Didaktik die Planung dessen, was gelehrt werden soll, Methodik hingegen beschreibt das Wie, welches zum Lernziel führt. Beide gehören untrennbar zusammen, wenn es darum geht, Menschen etwas zu vermitteln. Dabei gelten verschiedene didaktische Prinzipien, die das Vermitteln von Inhalten – und darum geht es ja auch in jeder Business-Präsentation, jedem Tutorial (= Lehrvideo) oder jedem Meeting – erfolgreicher gestalten sollen.

Methodik und Didaktik | Konzentrationsspanne

Wichtig ist dabei zu wissen: Schon mit der Einführung des Fernsehens hat die Konzentrationsspanne der Menschen merklich gelitten. Einen noch deutlicheren Rückgang hat unsere Fähigkeit zur Konzentration mit der Einführung des Internets und der Smartphones genommen.

148 Unsere Aufmerksamkeitsspanne ist kurz. Sehr kurz. Das bedeutet, dass du gerade im Online-Meeting gut daran tust, sehr lebendig und abwechslungsreich zu agieren, um deine Teilnehmenden auch über längere Phasen wach, engagiert und konzentriert zu halten.

Methodik und Didaktik | Im Durchschnitt alle sieben Minuten bei eher einseitiger Präsentation ...

Im Internet kursieren Faustregeln, dass der Mensch in der Lage sei, sich entsprechend seinem aktuellen Alter, multipliziert mit der Zahl zwei, zu konzentrieren. Ganz ehrlich? Ein Sechzigjähriger soll sich zwei Stunden, ein Schulkind der ersten Klasse zwölf Minuten konzentrieren können? Das erleben wir im Alltag anders. Gerade online.

149 Wir brauchen Abwechslung – insbesondere in Videomeetings. Durchschnittlich etwa alle sieben Minuten, sofern es sich um eine eher monologähnliche Präsentation handelt. Unsere Praxiserfahrung zeigt: neunzig Minuten – mit einer kurzen Pause zwischendrin – sind für Erwachsene online meist gut zu schaffen. Doch Achtung: In diesen neunzig Minuten brauchen die Teilnehmenden immer wieder lebendige Abwechslung, um dabeizubleiben.

Die Erfahrung zeigt: Durchschnittlich alle sieben Minuten sollte die Methode der Präsentation oder gemeinsamen Erarbeitung im Hauptraum wechseln. Das kann auch mal heißen, dass statt Bildschirmteilung wieder die Person in der Kamera zu sehen ist. Oder eine Aufgabe verteilt wird, die zu erledigen ist. Es kann eine Umfrage eingestreut oder das Whiteboard genutzt werden. Der Redner kann wechseln oder es gibt eine Team-Diskussion.

150 Wenn du Teilnehmer in Breakout-Räume schickst, um gemeinsam etwas zu erarbeiten oder zu diskutieren, sind durchaus auch dreißig und mehr Minuten zumutbar. Die Vorbereitung eines Rollenspiels, die gemeinsame Lösung einer Aufgabe oder das Recherchieren im Internet zu Themen – die dann im Hauptraum von den Gruppen vorgestellt werden – wird von allen Lerntypen als interessant und lebendig empfunden. Wenn du die Arbeitszeit dann noch um zehn Minuten verlängerst, um den Teilnehmern die Möglichkeit zu geben, sich in dieser Zeit eine eigene Pause einzubauen, kommt das richtig gut an.

151 Der Risikofaktor Internet ist äußerst tückisch. Denn das Smartphone liegt bei den meisten wohl direkt auf dem Schreibtisch in der Nähe der Maus. Das E-Mail-Programm bleibt oft eben doch im Hintergrund geöffnet. Die Menschen in deinem Online-Meeting lassen sich, wenn du ihnen zu wenig Attraktives bietest, damit sehr schnell ablenken.

Daher überlege dir eine Auswahl an Methoden und Impulsen, die sie immer wieder mit dir und deinem aktuellen Thema verbinden. Und gestalte alle sieben Minuten deine Moderation abwechslungsreich. Jetzt kannst du natürlich einwenden, dass das für dich anstrengend ist. Wir würden lügen, würden wir dir jetzt widersprechen – doch es lohnt sich. Denn wer in Zukunft für seine gute Online-Moderation bekannt sein wird, der erhöht seine Job-Chancen drastisch und hat auch deutlich mehr Spaß am eigenen Tun in diesem Internet.

Ganz ehrlich: Die Mehrarbeit machen wir meist nur einmal – danach steht das Konzept und wir können auf das dafür erarbeitete Wissen immer wieder neu zugreifen. Es wird also von Mal zu Mal leichter.

152 Bringe deine Teilnehmenden immer wieder in verschiedene Modi – sitzend, stehend, sich bewegend, emotional betroffen, entspannt, fröhlich, kreativ, strukturierend –, indem du die Aufgaben und Fragen immer wieder den aktuellen Bedürfnissen anpasst. Dazu solltest du deine Teilnehmenden immer gut im Blick haben und ihre Reaktion, ihr Tempo und ihre Motivation in den Videobildern wahrnehmen.

Um festzustellen, ob deine Teilnehmer noch gut dabei sind, kannst du auch schnelle Wetterberichtsrunden machen. Frage sie beispielsweise: »Auf einer Skala von null bis zehn, wie wach sind Sie, wenn null todmüde und zehn hellwach bedeutet?«

So bekommst du direkt ein klares Bild von Stimmung und Wirkung deiner Veranstaltung. Außerdem hast du so auch die Möglichkeit, frühzeitig zu korrigieren oder Informationen nachzuliefern.

Sofern die Menschen dauerhaft ohne Kamera teilnehmen, kannst du dir beispielsweise mittels konkreter Chat-Abfragen oder durch das Stellen konkreter Fragen einen Eindruck verschaffen, wer gerade aktiv dabei ist oder wen du wieder frisch begeistern solltest.

Methodik und Didaktik | Quiz, Test & Co

Instant gratification – also die sofortige Belohnung, die für uns das Internet und Social Media ach so attraktiv macht, weil sie unser Belohnungszentrum im Hirn bedient – kannst du auch online einbinden. Indem du Inhalte einfach aktivierend anbietest. Statt Frontalpräsentation zu betreiben, lass die Teilnehmenden mehr und aktiver an Themen und Inhalten arbeiten.

153 Nutze ein Quiz als Aktivator. Der Mensch rätselt gerne und wenn es ein Rätsel für alle gibt, hat fast jeder den Wunsch, als Erster die Lösung zu finden. Warum lässt du die Menschen nicht Begriffspaare sinnvoll sortieren? Vorbereitete Lückentexte beantworten? Quizfragen lösen? Memory online spielen? Für all das gibt es Apps und Software-Lösungen. Und vieles davon kannst du mit etwas Kreativität auch selber bauen – ob mittels Office-Software oder auch physisch. Du kannst einfach Dinge vor der Kamera zeigen, etwas vormachen oder dich von den Teilnehmenden anleiten lassen.

154 Checke Wissenserwerb mit einem Test. Deine Teilnehmenden haben eine größere Einheit mit dir absolviert, in der es um den Erwerb von Wissen ging. Jetzt könntest du einen kleinen Test einschieben, den die Teilnehmenden online lösen und in die Kamera halten oder in den Chat stellen können. Wenn du dann noch Punkte für richtige Lösungen verteilst, macht es allen noch mehr Spaß.

Klar kannst du den Test auch als Hausaufgabe einbauen – doch viel spannender ist es doch, wenn die Teilnehmenden den Faktor Zeit im Nacken spüren, weil andere schneller sein könnten. Das bedient all diejenigen, die sich gerne mit anderen messen. So ist gleich noch Emotion mit im Spiel, wenn es um die Wiederholung von Inhalten in Form des Quiz geht.

Socializing, Spiel und Spaß

In der Kürze liegt die Würze. In so einem Online-Meeting solltest du als Moderator keineswegs alles unterbringen.

Socializing, Spiel und Spaß | Abwechslung bringts!
Ein Acht-Stunden-Live-Training wäre – eins zu eins auf online übertragen – eine Zumutung für alle Beteiligten. Doch du kannst die Inhalte eines Tagesworkshops durchaus auch in einem Tag online umsetzen – nur eben ganz anders.

155 Strukturiere dein Format um. Statt acht Stunden am Stück mit einer Mittagspause von dreißig und zwei Kaffeepausen von fünfzehn Minuten bietest du an, dass ein Teil der Arbeit synchron und weitere Teile asynchron stattfinden. Synchron bedeutet, dass alle zeitgleich vor dem Rechner sitzen und zusammenarbeiten. Asynchron hingegen heißt, jeder arbeitet in seinem Tempo und auch abseits des Rechners am gleichen Thema weiter.

Du weißt ja inzwischen, dass wir online mehr Pausen brauchen, weil im Hintergrund des Homeoffice vieles geregelt und das Essen eben oft erst gekocht werden muss.

Daher hier ein bewährter Format-Impuls: Starte morgens mit einem Neunzig-Minuten-Impuls, der die Teilnehmenden mit dem Thema in Verbindung bringt, ihnen aufzeigt, was sie erwartet, und ihnen – neben einer Menge Basiswissen und Materialien – auch Aufgaben für eine Phase der asynchronen Arbeitszeit liefert. Das bedeutet: Am Vormittag seid ihr zeitgleich (= synchron) neunzig Minuten online.

Danach erledigen alle – einzeln oder in Gruppen – asynchron (= zu unterschiedlichen Zeiten) in ihrem Tempo ihre Hausaufgaben. Durchaus ohne Kamera und Mikrofon. Auf Wunsch aber auch gerne mit – du bleibst als Ansprechpartner ohnehin den ganzen Tag – mit Pausen für dich – online. Das können konkrete Recherche-Aufgaben, zielführende Bastelaufträge (oft bekannt aus Präsenzworkshops), einzelne Arbeitsblätter oder komplette Workbooks sein. Dieses Vorgehen kann zu einem tiefen Eintauchen in ein neues Thema anleiten. Oder auch eine lebendige Gruppendynamik herbeiführen. In dieser Zeit können die Teilnehmenden ganz frei eine Pause einbauen. Während deine Teilnehmenden fleißig am Thema werkeln, kannst du die nächste Einheit weiter vorbereiten, da oft lange Ruhezeiten für dich entstehen, in denen dich niemand aktiv braucht.

Mittags gibt es vor der Mittagspause noch ein synchrones Wiedertreffen zur Klärung von Fragen und Abstimmung von Zeiten. Nach der längeren Mittagspause folgt der zweite inhaltliche Teil, wieder gefolgt von einer asynchronen Freiarbeitsphase mit diversen Aufgaben und Herausforderungen. Gab es am Vormittag Einzelarbeit, dann setze jetzt auch gerne mal auf Gruppendynamik – oder umgekehrt.

Zum Schluss dann nochmal ein Abschlussimpuls synchron mit allen und die umfassende Klärung noch offener Fragen und eine Feedback-Runde. Bei einem derart lebendigen Wechsel der Methoden sind durchaus auch mehrtägige Online-Veranstaltungen möglich.

Socializing, Spiel und Spaß | Aktivierungen wählen

156 Online-Meetings haben verschiedene Phasen. Diese gestalten sich natürlich je nach Online-Format – also Meeting, Workshop, Training, Webinar oder auch der Anzahl der Teilnehmenden – anders. Doch eine Warm-up-Phase, einen Hauptteil und eine Abschluss-Phase haben alle Formate. Dazwischen gibt es noch Bewegung, Energizer, Entspannung, Inhaltserarbeitung und -vertiefung und mehr.

Du legst dir idealerweise ein paar Teilnehmer-Aktivierungen für die verschiedenen Phasen zurecht. Zum Thema Teilnehmer-Aktivierung gibt es inzwischen eine bunte Auswahl an Büchern und – noch praktischer – auch ein praxiserprobtes Kartenset (https://online-burger.com). Darin findest du für alle Phasen passende Aktivierungen, die du nach mehreren Kriterien auswählen kannst:

⮑ Gruppengröße – für wie viele Teilnehmenden eignet sich die Aktivierung?

⮑ Dauer der Aktivierung – wie viel Zeit muss du einplanen?

⮑ Materialbedarf – was brauchst du physisch oder als Arbeitsvorlage? Was müssen deine Teilnehmenden griffbereit liegen haben oder besorgen?

⮑ Spaßfaktor – wie viel Leben willst du in die Bude bringen?

⮑ Plattform-Technik – welche technischen Optionen der gewählten Plattform kannst und willst du nutzen? Hierzu solltest du deine Plattform, mit der du arbeitest, technisch gut kennen und beherrschen.

⮑ Downloads – gibt es Vorlagen zum Download oder musst du selbst etwas entwickeln?

⮑ Sozialform – handelt es sich um eine Einzel- oder Gruppenaktivierung?

Im Idealfall hast du pro Phase eine oder zwei Aktivierungen vorbereitet, die du eingeplant hast oder spontan einflechten kannst. So kannst du flexibel agieren und hast immer ein wenig Abwechslung für deine Gruppe in petto.

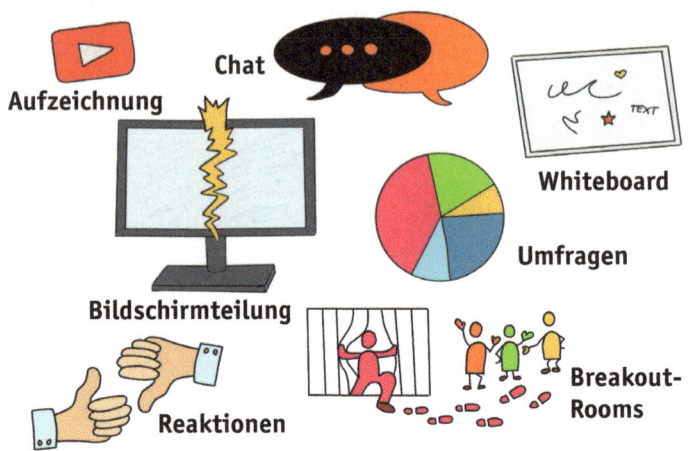

Socializing, Spiel und Spaß | Features von Plattformen nutzen

Jede Plattform, auf der du Online-Veranstaltungen moderieren kannst, bietet eine Vielzahl von technischen Features, die du einsetzen kannst. Natürlich gibt es auch außerhalb der Plattformen ein inzwischen unfassbar großes Angebot – doch damit sind oft Kosten oder die Frage der DSGVO-Konformität verbunden. Bei den üblichen Plattformen für Online-Meetings findest du fast überall Features wie:

157 Chat: Hier können deine Online-Gäste schriftlich Fragen stellen (Profitipp: Lass sie bei Fragen zwei Sternchen vor der Frage tippen, dann findest du in längeren Chats die Fragen deutlich leichter und übersiehst keine unbeantworteten Fragen) oder ihre Anmerkungen machen. Du kannst ihn jedoch auch für allerhand Aktivierungen nutzen.

⊃ Ja-Nein-Fragen: Hast du schon einmal ... erlebt?

⊃ Skalenfragen: Auf einer Skala von eins bis zehn, bei der eins wenig und zehn viel bedeutet, wo stehst du in Sachen XY?

⊃ Schätzfragen: Wie viel Prozent aller Teilnehmenden haben schon mal ... ? Dir fallen dazu bestimmt noch eine Menge mehr an Optionen ein.

158 Umfrage: Manche Plattformen bieten dir dafür ein eigenes Tool an, welches du nutzen kannst. Hier ist der Vorteil, dass du im Blick hast, wie viel Prozent der Teilnehmenden bereits geantwortet haben. Du kannst eine maximale Zeit für die Beantwortung vorgeben und du bekommst die Ergebnisse auf Knopfdruck bereits fertig ausgewertet angezeigt.

Du kannst aber auch externe Tools dafür nutzen, die es im Internet in großer Zahl gibt. Hier sind die Möglichkeiten oft deutlich umfangreicher, denn du kannst Wortwolken bilden oder die Ergebnisse in verschiedenen Formaten anzeigen lassen. Da sie sich ständig verändern und neue hinzukommen, macht hier eine Erwähnung einzelner Tools wenig Sinn.

159 Whiteboard: Eine weiße Folie zum Draufzeichnen oder -schreiben macht den Teilnehmenden immer wieder große Freude. Wenn die Teilnehmenden damit umgehen können und auch ein wenig diszipliniert bleiben.

Profitipp: Gönne den Teilnehmenden immer erst mal fünf Minuten zum Ausprobieren auf einer weißen Folie oder mittels einer genau angeleiteten Übung. So können sie die Neugier-Komponente ausleben und sind dann bei der anschließenden Übung meist deutlich konzentrierter. Das gemeinsame Ergebnis kann jederzeit lokal auf dem Rechner deiner Teilnehmenden oder deinem eigenen abgespeichert und später wieder präsentiert werden.

Bei einigen Tools wie beispielsweise Zoom gibt es die Option der »kollaborativen Annotation« – also des gemeinsamen Schreibens oder Zeichnens auf einer vorbereiteten Folie. Dabei wird quasi ein Blatt Transparentpapier auf eine Folie deiner Präsentation/Übungsfolie gelegt, auf der alle arbeiten können, ohne deine Folie damit zu beschädigen. Alle Anmerkungen kannst du am Ende mit einem Klick speichern – oder auch löschen. So können Teilnehmende auf einer Folie deiner Präsentation arbeiten und du hast noch viele weitere spannende Möglichkeiten für Übungen und Aktivierungen.

160 Für eine weitere einfache gemeinsame Bearbeitung von Dateien unterschiedlichster Art ist Google Drive sehr geeignet. Du bereitest mit diesem Online-Tool deine Dateien vor, generierst einen Link und versendest ihn an alle Teilnehmenden. Ob PowerPoint, Word, Excel oder andere Dateiformate – sobald sie den Link geöffnet haben, können alle Teilnehmenden zeitgleich daran arbeiten.

161 Bildschirmteilung – komplett oder partiell – das ist eine bei Moderatoren sehr beliebte Funktion, die ihre Magie wirklich entfaltet, wenn du dir vorher Gedanken um einen zielführenden Einsatz machst und alles richtig vorbereitest.

In fast allen Tools kannst du deinen Teilnehmenden deinen Bildschirm zeigen, indem du ihn »teilst«. Das bedeutet, dass der von dir ausgewählte Bildschirm – oder auch nur ein Teil davon (das ist derzeit nur bei Zoom möglich) – deinen Teilnehmenden angezeigt wird und sie die Inhalte sehen können. So kannst du deine Beamerpräsentation zeigen oder eine Softwarefunktion erklären. Du kannst Bilder oder Videos für alle sichtbar machen. Auf manchen Plattformen können deine Teilnehmenden bei Bedarf auch deinen Bildschirm – sichtbar für alle – fernbedienen.

Es gibt – abhängig von der Plattform – auch die Option, dass du dich als ausgeschnittenes Bild VOR deiner Präsentation zeigen kannst. Diese Funktion ist toll, doch sie braucht einen leistungsstarken Rechner mit sehr guter Grafikkarte, einen ordentlichen Hintergrund und reichlich Licht an den richtigen Stellen. Oder eine spezielle Software - doch dieses Thema ist nochmal ein eigenes Buch wert.

162 Breakout-Rooms sind die digitale Version der aus Präsenzveranstaltungen bekannten Gruppenräume. Aus Präsenzveranstaltungen sind wir es gewohnt, dass sich Gruppen in andere Räume zurückziehen können, wenn sie miteinander in kleineren Teams arbeiten wollen. Um das auch online abzubilden, gibt es die Funktion der Breakout-Rooms. Hier kannst du als Moderator entscheiden, ob die Menschen nur zwischen einem bestimmten Raum und dem Hauptraum (Foyer) wechseln können – oder ob sich die teilnehmenden Menschen frei von einem zum anderen Raum begeben dürfen. Je nach Aufgabe, Veranstaltungsformat und Ziel kann alles sinnvoll sein – und du kannst das vorher in den Einstellungen im Benutzerprofil deiner Plattform festlegen.

In Breakout-Sessions kannst du deine Teilnehmenden für Diskussionen, vertraulichen Austausch, zum gegenseitigen Kennenlernen, für Konfliktklärungen oder auch für Einzelarbeiten – beispielsweise am Whiteboard – arbeiten lassen. Deiner Fantasie sind keine Grenzen gesetzt. Erfahrungsgemäß mögen die Teilnehmenden es sehr, wenn sie in Gruppenräume geschickt werden, weil dies eine wohltuende Abwechslung zu der häufiger stattfindenden Frontalpräsentation im Foyer darstellt.

8.

Das Geheimnis der Online-Durchstarter: persönliche Retrospektiven

Der Begriff Retrospektive wird in der agilen Arbeitswelt intensiv genutzt. Retrospektiven sind in der agilen Projektsteuerung Scrum ein unverzichtbares Element. Am Ende eines agilen Projektes kommen die Teilnehmer noch einmal bewusst zusammen. Dieser letzte Schritt passiert, um das Geschehene noch einmal Revue passieren zu lassen.

Gemeinsames Ziel ist, an den neuen Prozessen und Abläufen noch einmal bewusst nachzuarbeiten, um Schwächen zu reduzieren und vor allem Stärken noch besser einzusetzen. Experten des agilen Arbeitens räumen diesen Retrospektiven einen sehr hohen Stellenwert ein, denn sie wissen: gute Retrospektiven sind intensive Lernerfahrungen. Sie helfen, Dinge bewusst besser zu machen. Gerade in diesem Prozess der Bewusstwerdung liegt ihr besonderer Nutzen.

Wie ist es bei dir? Wenn du also alles hinter dir hast und bei der Online-Plattform auf »Meeting beenden« geklickt, das Lächeln ausgeknipst hast und durchatmest, bist du bereit für eine Pause. Du sehnst sie geradezu herbei ...

Doch einen letzten Moment der Aufmerksamkeit erbitten wir doch noch von dir.

163 Du willst wirklich richtig gut werden, oder? Dann ist jetzt, direkt nach Ende deiner Online-Veranstaltung, Zeit für deine persönliche Retrospektive. Vor allem dieser Schritt hebt dich von der Masse ab und macht dich zum Online-Durchstarter. Bereite deine Online-Veranstaltung immer sofort nach. Alles ist noch blitzfrisch in deinem Kopf. Du erinnerst genau, was weniger gut geklappt hat und was richtig klasse gelaufen ist. Nutze dieses Potenzial und verändere deinen Ablaufplan entsprechend. Passe Übungen oder Abläufe an und korrigiere eventuelle Patzer bei deinen benutzten Materialien – von Präsentation bis Aktivierungsauswahl. Das geht jetzt binnen zehn Minuten. Alles, was länger brauchen würde, notiere dir und erledigte es am nächsten Tag. Doch jetzt bist du noch im Flow und mitten in genau diesem Thema.

Deswegen ist eben genau jetzt der richtige Zeitpunkt für den Rückblick auf deine Stärken und Schwächen in dieser Online-Veranstaltung und mit dieser Gruppe an Teilnehmenden. Es kann sein, dass manches mit anderen Teilnehmenden anders gelaufen wäre – daher sei keinesfalls zu kritisch und ändere nur moderat. Nach dem nächsten Online-Event mit diesem Themenschwerpunkt weißt du wieder mehr und kannst so deine Moderation immer wirkungsvoller gestalten.

Notiere dir auch direkt, was du eventuell noch besorgen und organisieren musst. Passe deine Checklisten entsprechend an. Dann kannst du das nächste Mal viel entspannter starten, weil du ja schon Klarheit und Erfahrung hast.

Wenn du diese kurze Phase der Nachlese an jede deiner Online-Veranstaltungen anschließt, werden sie immer besser und für dich immer leichter werden. Und dann? Kommt vielleicht irgendwann der Punkt, an dem dir selbst der Ablauf schon fast langweilig wird.

Doch zunächst ist jetzt – umgehend nach der Nachlese – die Zeit, dich erst einmal selber zu feiern für das, was du gerade geschafft hast. Schau auf die Dinge, die richtig gut gelaufen sind, und sei stolz darauf. Ermutige dich selbst, weil du so viel schon richtig gut gewuppt hast. Du hast dich wacker behauptet.

Sollte irgendwann wirklich Langeweile aufkommen, ist es Zeit, das Ganze mit frischem Wind durchzupusten. Tausche Übungen aus. Überarbeite deine Präsentation und den Ablaufplan. Probiere mutig Neues aus und erweitere deine Lernzone in Sachen Online-Veranstaltung.

Jetzt hast du es wirklich geschafft ... Du bist nun ein Online-Durchstarter!

Du hast das Buch komplett durchgelesen und damit alles getan, um künftig ein echter Online-Durchstarter zu sein. Wir sind sicher, du wirst deinen Spaß an diesem Thema immer weiter ausbauen und in wenigen Wochen oder Monaten nach mehr schreien – weil es eben doch sozial verbindend, menschlich, nahbar und mit Lebensfreude ablaufen kann in diesem »online«.

Logisch, dass wir noch mehr Tipps für dich in petto haben, die einfach keineswegs alle hier in diesem Buchformat Platz gefunden haben.

163½ Ach ja, vielleicht hier noch ein letzter, ein halber Tipp: Biete deinen Teilnehmern hin und wieder Stille an. Ja, genau: gemeinsames Schweigen, Reflektieren, Stille.

Wie? Du stellst eine tiefgehende Frage, die nicht so einfach zu beantworten ist und einen Moment Nachdenken erfordert. Du sagst, dass es jetzt sein kann, dass einige Momente, ja sogar

einige Minuten Stille herrschen werden, und lädst deine Teilnehmenden ein, die Stille zu genießen und dazu zu nutzen,
nachzudenken. In sich hineinzuhorchen. Ganz still. Jeder für
sich. Und wer darauf antworten will, kann sich zu Wort melden.
Wenn derjenige dann ausgesprochen hat und sein Mikro wieder
auf stumm geschaltet hat, wird möglicherweise wieder Stille
eintreten. Baue solche zeitlich definierten Phase in dein Design
ein, insbesondere, wenn du schwierige Themen zu bearbeiten
hast. Du wirst überrascht sein, wie sehr die Teilnehmenden mit
dieser Erlaubnis die Stille genießen werden und welch tiefsinni-
ge Gedanken in solchen Momenten entstehen können.

Stille entsteht oft auch unabsichtlich – in Momenten, in denen
du als Moderierender leicht hakst oder etwas organisieren willst.
Verstehe diese Momente keineswegs als Phasen, die du schnell
mit irgendetwas füllen musst, sondern als Raum der Ruhe und
als Zeit für die Aufnahme all dessen, was vorher besprochen wurde.

Ganz nebenbei: Als Führungskraft bringt dich dieser Tipp auch
außerhalb des digitalen Raums wirklich weiter. Statt selbst zu
sprechen, übe dich im bewussten Zuhören. Voller Interesse –
und mit dem Wunsch nach inhaltlichem Verstehen. Gib deinen
Gesprächspartnern immer wieder Zeit zu reflektieren. Und damit
die Möglichkeit, in sich zu gehen. In solchen Momenten entstehen die kreativsten Gedanken und großartige Ideen, die in der
tagtäglichen Hektik sonst kaum zutage kämen. Du hörst einfach
nur zu.

Denn das ist es, was gute Führungskräfte ausmacht: Zuhören und verstehen wollen. So wird dann aus dir, dem CEO (= Chief Executive Officer), ein CLO – ein bewusster Chief Listening Officer, ein weltoffener Chief Learning Officer. Und auch ein wertschätzender Chief Leading Officer. Ein echter Leader der neuen Generation, der Menschen wachsen lässt.

Bring deine Teilnehmenden zum Weinen oder zum Lachen – doch bewege sie. Körperlich und inhaltlich. Emotional und persönlich. Denn das ist der Schlüssel zum Erfolg: Menschen erreichen.

Wenn du nun also mehr wissen und lernen möchtest, dann nimm einfach mit uns Kontakt auf.

Wir wünschen dir viel Freude beim Entdecken, Mut bei der Umsetzung und stehen als Mentorinnen bereit, wenn du mit uns den nächsten Schritt gehen willst. Wenn es so weit ist, dann melde dich gerne direkt bei uns.

Sabine Bredemeyer und Bettina Schöbitz

Digital Transformation Design

Dennis Lotter
Digital Transformation Design
33 Prinzipien, wie Sie Organisationen
ins intelligente Zeitalter führen
1. Auflage 2019

328 Seiten; Broschur; 29,95 Euro
ISBN 978-3-86980-458-3; Art.-Nr.: 1057

Die Digitalisierung hat schon viele Branchen umgekrempelt, manche sogar vernichtet. Und sie wird nicht als Hype vorüberziehen. Vielmehr wird sie eher noch schneller, noch radikaler unser Leben verändern. Denn das, was wir bisher erlebt haben, war erst der Anfang.

Aber wie bereitet man sich auf die bevorstehenden Umbrüche vor? Wie setzt man die digitale Transformation im Unternehmen in Gang? Welche Werkzeuge sind für die digitale Transformation hilfreich? Wie steuert man diese Transformation? Und vor allem: Was bedeutet digitale Transformation wirklich?

Das neue Buch von Prof. Lotter gibt Antworten auf genau diese Fragen. Es liefert 33 fundamentale Prinzipien und Tools, mit denen sich die digitale Transformation gestalten lässt. Mit diesem Playbook lassen sich zukunftsrelevante Fähigkeiten identifizieren und die eigene Roadmap zur digitalen Transformation entwickeln. Denn erst wer die Mechanismen der digitalen Transformation verstanden hat, kann sie gestalten.

Veränderungsbewusstsein

Konrad Stadler
Veränderungsbewusstsein
Eine Anleitung zum neuen Umgang
mit dem Wandel
1. Auflage 2021

234 Seiten; Broschur; 24,95 Euro
ISBN 978-3-86980-596-2; Art.-Nr.: 1125

Schon lange sind gravierende Veränderungen nicht mehr nur auf die Wirtschaft beschränkt. Zunehmend durchdringen sie unser soziales, politisches und kulturelles Leben. Veränderungen sind allgegenwärtig – ein Entrinnen ist kaum möglich. Doch das erzeugt Ängste, die in Widerstand oder Hilflosigkeit münden.

Sind wir all dem so hilflos ausgeliefert? Wie werden aus scheinbaren Bedrohungen wieder Chancen?

Ganz so getrieben, wie es oft scheint, sind wir nicht. Stadlers Buch liefert eine zuversichtliche Perspektive. Es zeigt attraktive Möglichkeiten, mit Veränderungen umzugehen. Dabei geht es nicht nur um Interventionismus und proaktives Handeln. Nein, es ermutigt, den Veränderungen mit einer gesunden Distanz zu begegnen, um sie auf sich wirken, sie geschehen zu lassen. Es ruft auf, das Gestalten der Zukunft als ein Probieren und Verbessern – als offenen Entstehungsprozess – zu begreifen und Scheitern als einen Sieg des Lernens anzuerkennen. Erst so können wir mit mehr Gelassenheit der Welt entgegentreten.

Die ersten Schritte sind ganz einfach: Gehen Sie auf Distanz zu sich selbst, begegnen Sie Wandel und Wendepunkten aufgeschlossen, lassen Sie Veränderungen auf sich wirken, verfallen Sie nicht in Aktionismus und haben Sie keine Angst vor Fehlern.

Agiles Führen

Stefanie Puckett, Rainer M. Neubauer
Agiles Führen
Führungskompetenzen für
die agile Transformation
1. Auflage 2018

320 Seiten; Broschur; 29,95 Euro
ISBN 978-3-86980-4330-0; Art.-Nr.: 1053

Agiles Führen gilt als das Wundermittel schlechthin. Kaum eine Führungskraft kommt an dem Thema vorbei. Dennoch ist dieses Thema vielerorts nicht mehr als ein Schlagwort. Leider – denn agiles Führen kann sich jede Führungskraft aneignen und anwenden.

Was bedeutet agiles Führen im Kontext der digitalen Transformation? Wie verändert sie die Führungsaufgabe? Wie entwickelt man eigentlich agile Führungskompetenz im Alltag? Und wie wird man zum agilen Change Manager?

Neubauers und Pucketts Buch gibt Antworten auf diese Fragen. Es wirft einen Blick unter die Oberfläche und zeigt, welche Kompetenzen und Persönlichkeitseigenschaften agile Führungskräfte auszeichnen. Dabei hat es beide Seiten im Blick. Denn agile Führung muss authentisch sein und scheitert allzu oft am Widerstand der Mitarbeiter. Pragmatisch zeigt das Buch, wie sich diese Widerstände auflösen lassen und die Transformation der Organisation gelingt.

Auf Basis jahrzehntelanger Arbeit mit Führungskräften und eines wissenschaftlich untermauerten verhaltensorientierten Kompetenzmodells ist dieses Buch entstanden. Es lenkt den Blick darauf, wie wir mit agiler Führung unsere vorhandenen Stärken, Kompetenzen und Erfahrungen zukunftsfähig machen.

Agile Teamarbeit

Christian Polz
Agile Teamarbeit
Mit menschlich-agilem Leadership Teams und
Unternehmen erfolgreich in die Zukunft führen
1. Auflage 2019

240 Seiten; Broschur; 24,95 Euro
ISBN 978-3-86980-466-8; Art.-Nr.: 1073

Die Arbeitswelt fordert immer mehr Eigenverantwortung und
Agilität. Neue Organisationsformen und agile Konzepte sollen den
Flexibilisierungs- und Kreativitätsschub liefern, um die Probleme
der VUKA-Welt schnell und effizient zu lösen. Doch all diese Versuche
verfehlen oft ihr Ziel. Denn sie haben den Hauptakteur – den Menschen –
aus dem Fokus verloren.

Wie lassen sich die Herausforderungen der modernen Arbeitswelt mit
den Bedürfnissen des Menschen vereinbaren? Warum funktionieren die
agilen Teamkonzepte out of the box nicht wirklich? Und wie gelingt es uns
bei allen Unsicherheiten wieder, vom Menschen her zu denken und den
Menschen in den Fokus zu rücken, weil nur so agile Teamarbeit möglich ist?

Antworten liefert Christian Polz, mehrfacher deutscher Meister im
Judo. Anschaulich illustriert dieses Buch, warum Konzepte der Team-
Performance regelmäßig versagen und wie wir der immer weiter um sich
greifenden Entmenschlichung der Führung begegnen.

Agile Teamarbeit ist mehr als ein Organisationskonzept. Sie funktioniert
nur unter Einbeziehung der Menschen. Anstatt den Druck immer weiter
zu erhöhen und immer mehr auf Eigenverantwortung zu setzen, schlägt
Christian Polz einen anderen Weg vor: Nur wenn die Mitarbeiter im
Mittelpunkt stehen und Veränderungsprozesse und Konfliktlösungen
vom Menschen her gedacht werden, können agile Weiterentwicklung und
Teamarbeit gelingen.